国家出版基金项目
NATIONAL PUBLICATION FOUNDATION

有色金属理论与技术前沿丛书

基于神经网络的混合非线性电阻率反演成像

HYBRID NONLINEAR INVERSION FOR ELECTRICAL RESISTIVITY IMAGING BASED ON NEURAL NETWORKS

江沸菠 戴前伟 冯德山 董 莉 著

中南大学出版社
www.csupress.com.cn

中国有色集团

内容简介
Introduction

　　本书在介绍神经网络基本概念和基本原理的基础上,对神经网络非线性反演在电阻率成像技术中的应用进行了理论研究。分析了 BP 神经网络和 RBF 神经网络在电阻率成像反演中的优化算法、建模方法和反演流程。通过将神经网络与粒子群优化算法、差分进化算法、混沌技术、信息准则等多种新技术相结合,优化了神经网络反演模型的结构和性能,对今后神经网络在电法反演中的深入研究提供了可借鉴的经验。

　　本书可供从事地球物理正反演以及人工智能等领域的相关研究人员参考使用,也可作为高等院校相关专业的教师、研究生和高年级本科生的教学参考用书。

作者简介
About the Authors

江沸菠，男，汉族，中南大学博士、博士后。1982年7月出生于湖南省株洲市，湖南师范大学物理与信息科学学院讲师。2014年毕业于中南大学，获地球探测与信息技术工学博士学位，主要从事电磁法的非线性反演、人工智能技术的工程应用研究。目前已发表研究论文10余篇，其中SCI收录4篇，EI收录4篇，授权专利8项。

戴前伟，男，汉族，博士，教授，博士研究生导师。1968年7月出生于湖南省涟源市，1987年—1991年就读于原中南工业大学地质系，获应用地球物理专业学士学位，1991年—1997年硕博连读获中南工业大学应用地球物理专业博士学位，日本东北大学高级访问学者。1997年参加工作，2005年晋升教授，2006年被评为博士生导师。先后担任中南大学地球物理勘察新技术研究所副所长、所长，中南大学信息物理工程学院党委副书记。现为中南大学地球科学与信息物理学院党委书记，国务院学位委员会地质资源与地质工程学科评议组成员、《工程勘察》编委、湖南省地球物理学会副理事长、中国地球物理学会理事。主要从事电磁法勘探理论与应用、工程与环境地球物理的教学科研工作。近年来主持国家863计划课题1项，国家"十一五"科技支撑计划课题1项，国家自然科学基金项目1项，省部级课题5项，校企横向科研合作项目20多项，参与以上各类项目30多项。参与撰写专著3部，获省部级奖4项，发表学术论文90多篇，其中EI、SCI检索30余篇。

学术委员会
Academic Committee

国家出版基金项目
有色金属理论与技术前沿丛书

主　任
王淀佐　中国科学院院士　中国工程院院士

委　员（按姓氏笔画排序）

于润沧	中国工程院院士	古德生	中国工程院院士
左铁镛	中国工程院院士	刘业翔	中国工程院院士
刘宝琛	中国工程院院士	孙传尧	中国工程院院士
李东英	中国工程院院士	邱定蕃	中国工程院院士
何季麟	中国工程院院士	何继善	中国工程院院士
余永富	中国工程院院士	汪旭光	中国工程院院士
张文海	中国工程院院士	张国成	中国工程院院士
张懿	中国工程院院士	陈景	中国工程院院士
金展鹏	中国科学院院士	周克崧	中国工程院院士
周廉	中国工程院院士	钟掘	中国工程院院士
黄伯云	中国工程院院士	黄培云	中国工程院院士
屠海令	中国工程院院士	曾苏民	中国工程院院士
戴永年	中国工程院院士		

编辑出版委员会
Editorial and Publishing Committee

国家出版基金项目
有色金属理论与技术前沿丛书

主　任
罗　涛（教授级高工　中国有色矿业集团有限公司总经理）

副主任
邱冠周（教授　国家"973"项目首席科学家）
陈春阳（教授　中南大学党委常委、副校长）
田红旗（教授　中南大学副校长）
尹飞舟（编审　湖南省新闻出版局副局长）
张　麟（教授级高工　大冶有色金属集团控股有限公司董事长）

执行副主任
王海东　王飞跃

委　员
苏仁进　文援朝　李昌佳　彭超群　谭晓萍
陈灿华　胡业民　史海燕　刘　辉　谭　平
张　曦　周　颖　汪宜晔　易建国　唐立红
李海亮

总序
Preface

当今有色金属已成为决定一个国家经济、科学技术、国防建设等发展的重要物质基础，是提升国家综合实力和保障国家安全的关键性战略资源。作为有色金属生产第一大国，我国在有色金属研究领域，特别是在复杂低品位有色金属资源的开发与利用上取得了长足进展。

我国有色金属工业近30年来发展迅速，产量连年来居世界首位，有色金属科技在国民经济建设和现代化国防建设中发挥着越来越重要的作用。与此同时，有色金属资源短缺与国民经济发展需求之间的矛盾也日益突出，对国外资源的依赖程度逐年增加，严重影响我国国民经济的健康发展。

随着经济的发展，已探明的优质矿产资源接近枯竭，不仅使我国面临有色金属材料总量供应严重短缺的危机，而且因为"难探、难采、难选、难冶"的复杂低品位矿石资源或二次资源逐步成为主体原料后，对传统的地质、采矿、选矿、冶金、材料、加工、环境等科学技术提出了巨大挑战。资源的低质化将会使我国有色金属工业及相关产业面临生存竞争的危机。我国有色金属工业的发展迫切需要适应我国资源特点的新理论、新技术。系统完整、水平领先和相互融合的有色金属科技图书的出版，对于提高我国有色金属工业的自主创新能力，促进高效、低耗、无污染、综合利用有色金属资源的新理论与新技术的应用，确保我国有色金属产业的可持续发展，具有重大的推动作用。

作为国家出版基金资助的国家重大出版项目，《有色金属理论与技术前沿丛书》计划出版100种图书，涵盖材料、冶金、矿业、地学和机电等学科。丛书的作者荟萃了有色金属研究领域的院士、国家重大科研计划项目的首席科学家、长江学者特聘教授、国家杰出青年科学基金获得者、全国优秀博士论文奖获得者、国家重大人才计划入选者、有色金属大型研究院所及骨干企业的顶尖专家。

国家出版基金由国家设立，用于鼓励和支持优秀公益性出版项目，代表我国学术出版的最高水平。《有色金属理论与技术前沿丛书》瞄准有色金属研究发展前沿，把握国内外有色金属学科的最新动态，全面、及时、准确地反映有色金属科学与工程技术方面的新理论、新技术和新应用，发掘与采集极富价值的研究成果，具有很高的学术价值。

中南大学出版社长期倾力服务有色金属的图书出版，在《有色金属理论与技术前沿丛书》的策划与出版过程中做了大量极富成效的工作，大力推动了我国有色金属行业优秀科技著作的出版，对高等院校、研究院所及大中型企业的有色金属学科人才培养具有直接而重大的促进作用。

2010 年 12 月

前言

Foreword

电阻率成像技术是一种重要的地球物理勘探方法,广泛应用于水文、环境、考古、矿产资源和油气勘探等领域,取得了较大的经济效益。近年来随着理论研究的深入和工程应用的发展,人们对勘探规模和资料解释精度的要求也在不断提高,传统的线性反演方法面临着新的挑战。

人工神经网络是以数学和物理方法从信息处理的角度对人脑生物神经网络进行抽象并建立起来的简化模型,是计算智能和机器学习研究最活跃的领域之一。将神经网络技术与地球物理学中的反演理论相结合,获得具有柔性信息处理特性的地球物理反演新方法,是目前地球物理学中非线性反演方法的一大研究热点。

本书主要针对神经网络非线性反演在电阻率成像中的应用进行理论研究,分析了 BP 神经网络和 RBF 神经网络在电阻率成像反演中的优化算法、建模方法和反演流程。

全书共分为 9 章:第 1 章绪论部分介绍了相关研究的背景和进展;第 2 章从电阻率法和神经网络反演两个方面入手,首先介绍了电阻率法和稳定电流场的基本理论、视电阻率的概念和正演数值模拟的方法;然后介绍了 BP 神经网络的基本概念、学习算法和反演建模的方法与流程,比较了不同 BP 学习算法在电阻率成像神经网络反演中的效率和效果;第 3 章和第 4 章分别通过混沌振荡粒子群优化算法和混沌约束微分进化算法对 BP 神经网络反演过程进行了优化,并通过模型反演验证了算法的有效性和鲁棒性;第 5 章和第 6 章引入 RBF 神经网络对电阻率成像进行反演,系统地研究了 RBF 神经网络反演电阻率资料的理论和方法,并引入统计学中的信息准则来自适应地确定 RBF 神经网络的隐含层结构,最后通过粒子群优化算法微调 RBF 神经网络参数以实现二阶段学习的神经网络反演;第 7 章对超高密度电阻率成像的神经网络反演进行了初步的理论研究,针对超高密度电法的高维勘探数据,采用主成分分析法进行预处理,然后引入正则化极限学习机进行快速反演,提高了超高密度电法非线性反演的计算效率;第8章在一个简单的工程实测数据上对本书研究的反演算法进行了验证;第9章结论部分对上面的研究成果进行了总结,比较了BP神经网络和RBF神经网络反演的区别,对神经网络反演在电阻率成像领域中今后的研究方向进行了分析和展望。

本书是作者从事神经网络理论与应用研究和电磁法反演建模与优化的教学和科研工作的系统总结,并从国内外相关文献资料中提取了最主要的理论及成果,力图反映本研究领域的最新研究动态。中南大学的汤井田教授、柳建新教授、熊章强教授、朱自强教授等对本书提出了很多宝贵的意见,在此向对本书创作过程中给予作者大力支持的各位专家表示由衷的感谢,向本书引用的参考文献的众多作者一并致谢。

本书获湖南师范大学博士出版基金资助,并在国家自然科学基金项目(41374118)、教育部博士点基金项目(20120162110015)、中国博士后科学研究基金项目(153678)、湖南省教育厅科研优秀青年项目(15B138),湖南省科技计划项目(2015JC3067)的联合资助下完成,在此对上述资助单位表示诚挚的谢意。

由于作者水平有限,书中难免存在缺点和不足之处,敬请广大读者给予批评指正。

作者
2015年10月

目录 / Contents

第1章　绪　论　　1

  1.1　电阻率成像　　1

  1.2　电阻率成像技术国内外研究进展及发展趋势　　1

    1.2.1　国外电阻率成像反演的研究进展　　1

    1.2.2　国内电阻率成像反演的研究进展　　3

    1.2.3　电阻率成像反演的发展趋势　　4

  1.3　神经网络的研究现状　　5

    1.3.1　神经网络的概念和研究历史　　5

    1.3.2　神经网络的基本模型　　6

    1.3.3　神经网络在电阻率法反演中的应用　　7

  1.4　粒子群优化算法　　9

    1.4.1　粒子群优化算法的研究现状　　9

    1.4.2　粒子群优化算法在地球物理资料反演中的应用　　9

  1.5　微分进化算法　　10

    1.5.1　微分进化算法的研究现状　　10

    1.5.2　微分进化算法在地球物理资料反演中的应用　　12

  1.6　主要研究工作和章节安排　　12

    1.6.1　课题研究的目的与意义　　12

    1.6.2　主要研究工作　　14

    1.6.3　章节安排　　15

  1.7　本章小结　　16

第2章　基于神经网络的电阻率反演成像　　17

  2.1　电阻率法的基本理论　　17

2.1.1 稳定电流场的基础理论 …………………………………… 17
2.1.2 视电阻率的概念和意义 …………………………………… 18
2.1.3 常用电阻率方法 …………………………………………… 19
2.1.4 正演问题的数值模拟方法 ………………………………… 21
2.2 BP 神经网络的反演方法 …………………………………………… 24
2.2.1 BP 神经网络的基本结构 ………………………………… 24
2.2.2 BP 神经网络的学习算法 ………………………………… 26
2.2.3 BP 神经网络的样本划分与建模 ………………………… 30
2.2.4 BP 神经网络的反演流程 ………………………………… 31
2.3 本章小结 ………………………………………………………………… 32

第3章 基于混沌振荡 PSO – BP 算法的电阻率成像反演 …………… 34

3.1 粒子群优化算法的基本原理 ………………………………………… 34
3.2 基于混沌惯性权重的 PSO 算法 …………………………………… 37
3.2.1 基于振荡递减的 PSO 算法 ……………………………… 37
3.2.2 混沌的基本理论 …………………………………………… 38
3.2.3 基于混沌振荡的 PSO 算法 ……………………………… 42
3.3 混沌振荡 PSO – BP 算法反演建模 ………………………………… 43
3.3.1 BP 神经网络的样本划分与建模 ………………………… 43
3.3.2 BP 神经网络的隐含层结构设计 ………………………… 43
3.3.3 混沌振荡 PSO – BP 算法的实现步骤 …………………… 46
3.4 数值仿真与模型反演 ………………………………………………… 47
3.4.1 混沌振荡 PSO – BP 算法的性能验证 …………………… 47
3.4.2 理论模型反演结果评估 …………………………………… 48
3.5 本章小结 ………………………………………………………………… 51

第4章 基于混沌约束 DE – BP 算法的电阻率成像反演 …………… 52

4.1 微分进化算法的基本原理 …………………………………………… 52
4.2 基于混沌约束的 DE 算法 …………………………………………… 55
4.3 混沌约束 DE – BP 算法反演建模 ………………………………… 59
4.3.1 BP 神经网络的样本划分与建模 ………………………… 59
4.3.2 BP 神经网络的隐含层结构设计 ………………………… 61
4.3.3 混沌约束 DE – BP 算法的实现步骤 …………………… 63

4.4 数值仿真与模型反演   64
4.4.1 混沌约束 DE-BP 算法的性能验证   64
4.4.2 理论模型反演结果评估   65
4.5 本章小结   67

第5章 基于信息准则的 RBF 神经网络电阻率成像反演   69
5.1 RBF 神经网络结构   69
5.2 RBF 神经网络学习算法   71
5.2.1 聚类算法   72
5.2.2 梯度算法   73
5.2.3 正交最小二乘法   74
5.3 基于汉南-奎因信息准则的 OLS 学习算法   75
5.3.1 RBF 神经网络的泛化能力   75
5.3.2 信息准则   76
5.3.3 HQOLS 算法的实现步骤   77
5.4 HQOLS-RBF 电阻率成像反演建模   79
5.5 数值仿真与模型反演   81
5.5.1 HQOLS-RBF 算法的性能验证   81
5.5.2 理论模型反演结果评估   83
5.6 本章小结   87

第6章 基于二阶段学习的 RBF 神经网络电阻率成像反演   89
6.1 基于二阶段学习的 RBF 神经网络基本理论   89
6.1.1 OLS-RBFNN 的不足   89
6.1.2 RBF 神经网络的样本规划与建模   90
6.1.3 第一阶段学习   90
6.1.4 第二阶段学习   92
6.2 基于二阶段学习的 RBF 神经网络实现步骤   93
6.3 数值仿真与模型反演   95
6.3.1 信息准则的选择   95
6.3.2 二阶段学习 RBF 神经网络的性能验证   96
6.3.3 理论模型反演结果评估   97
6.4 本章小结   100

第 7 章　基于主成分 - 正则化极限学习机的超高密度电法非线性反演　102

  7.1　超高密度电法的基本原理及正演方法　102
  7.2　极限学习机理论　104
    7.2.1　标准极限学习机　104
    7.2.2　主成分 - 正则化极限学习机　105
  7.3　主成分 - 正则化极限学习机反演建模　107
    7.3.1　样本构造　107
    7.3.2　PCA 降维　107
    7.3.3　参数寻优　110
    7.3.4　反演流程　112
  7.4　模型反演　113
  7.5　本章小结　118

第 8 章　非线性反演工程实例分析　119

  8.1　工程概况　119
  8.2　神经网络直接反演　119
  8.3　基于最小二乘反演结果的反演　122
  8.4　本章小结　125

第 9 章　总结与展望　127

  9.1　总结　127
  9.2　展望　129

附录　130

  附录一：标准 BP 神经网络反演的 matlab 代码　130
  附录二：标准 RBF 神经网络反演的 matlab 代码　132

参考文献　134

第 1 章　绪 论

1.1　电阻率成像

　　电阻率法是以地壳中岩石和矿石的导电性差异为基础，通过观测与研究人工建立的地中电流场（稳定场或交变场）的分布规律达到找矿目的和解决其他地质问题的一组电法勘探分支方法[1]。为了取得良好的地质效果，在电阻率法勘探中，常需根据不同地质任务和不同地电条件，采用不同的电阻率探测方法。目前最基本的电阻率探测方法包括电（阻率）剖面法、电（阻率）测深法和电（阻率）成像法[2]。其中电（阻率）剖面法是在电极距固定的条件下，通过测点的水平移动研究地层的水平方向变化；电（阻率）测深法则是假定地层无水平方向变化，在测点固定的条件下，通过电极距的序列改变只研究该测点深度方向的一维地电结构；电成像（Electrical Imaging）又称电（阻率）成像（Electrical Resistivity Imaging），是在电剖面法和电测深法基础上发展起来的一种勘探方法。电（阻率）成像技术利用多通道阵列电极系测量系统，通过在地表或井－地布设阵列电极系获取关于地下电阻率信息的大量实测数据，并利用先进的正反演方法以重建精确的电阻率图像。该方法具有观测精度高、数据采集量大、地质信息丰富、生产效率高等特点，使电阻率成像技术在中度以上复杂的地质结构下可以更真实地揭示稳定电流场中的电阻率变化[3]。目前该方法在金属与非金属矿产勘查，地质构造、水文地质、工程灾害地质、考古、岩溶洞穴景观资源勘察等各领域得到了广泛的推广应用，解决了诸多实际问题，产生了极大的社会效益及经济效益。

1.2　电阻率成像技术国内外研究进展及发展趋势

1.2.1　国外电阻率成像反演的研究进展

　　电阻率勘探的研究始于 20 世纪初期，早在 1920 年 Schlumberger 就开展了关于电阻率勘探的开拓性研究；大约在相同时期，美国 Wenner 也提出了电法勘探的思想[4]；1925 年 Gish 等进行了垂直电测深（Vertical Electrical Sounding，VES）的理论和应用研究[5]，其同时期的电测深数据解释主要采用人工曲线拟合的方式;20世纪70年代随着线性滤波理论和数字计算机的发展,基于计算机的解释技术开始流行,其中典型的代表是基于线性反演理论的模型拟合法。该方法的基本思想是在初始模型的基础上,通过迭代来不断调整测层厚度和电阻率值(模型参数)以减小正演数据与测量数据之间的误差,直到误差小于预设的标准;Inman等[6](1973)使用广义线性反演理论(Generalized Linear Inverse Theory)解释了电测深曲线;Peltno等[7](1978)采用快速峰岭回归反演方法(Fast Ridge Regression Inversion)对简单的二维的电阻率和极化率数据进行了反演,并取得了初步的成果;Petrick等[8](1981)使用alpha中心法进行了三维电阻率的反演,该方法速度较快,但对初始模型要求较高,其反演的结果适合作为其他反演方法的初始模型;Zohdy[9](1989)提出了一种用于自动解释电测深曲线的快速迭代方法;Li[10](1992)针对E-SCAN实验装置,提出了多个电阻率成像的近似反演方法,能较好地解决二维和三维的反演问题;Loke[11](1995)提出了一种基于平滑约束的最小二乘反演方法,该方法及其改进的方式直到目前仍然被广泛地使用;Zhang[12](1995)提出了一种基于共轭梯度法的快速三维电阻率成像正反演方法;Chunduru[13](1996)使用快速模拟退火算法(VFSA)对二维的偶极-偶极电阻率数据进行了反演,给出了标准模拟退火算法和快速模拟退火算法的反演流程图,其反演结果表明VFSA在反演中能够稳定地收敛,得到较好的反演结果;Lesur[14,15](1999)使用共轭梯度法对二维和三维电阻率成像数据进行了解释;Olayinka[16](2000)比较了二维电阻率成像中块反演(Block Inversion)和平滑反演(Smooth Inversion)之间的区别;Torleif Dahlin[17](2001)对直流电阻率成像技术的发展现状进行了综述,系统地介绍了直流电法的勘探方式、正演技术和反演方法,并给出了多个应用成功的实例;Jackson[18](2001)提出了一种使用二维的测量数据来进行三维平滑约束反演的方法;Loke[19](2002)针对平滑约束的最小二乘法中Jacobian矩阵的求解问题,比较了高斯-牛顿法、拟牛顿法和两者的混合方法之间的性能差别,理论数据和实测数据的反演结果表明,在高电阻率对比的前提下,混合方法与高斯-牛顿法的反演结果差别较小,但混合方法的求解速度高于高斯-牛顿法,在反演速度和精度上具有较好的均衡性;Schwarzbach[20](2005)提出来一种并行多目标遗传算法来实现二维电阻率数据反演,在该方法中提出两种目标函数:数据拟合误差f_1和模型约束范数f_2。遗传算法通过构建二者的帕拉图集来寻找反演的最优解。该方法不仅能找到反演的最优解,还能够得到满足f_1和f_2的次优解集合,但是反演时间较长;Günther[21,22](2006)提出了一种新的三倍网格反演技术来实现起伏地面的三维电阻率成像,该方法使用高斯-牛顿法进行搜索,并使用正则化技术进行平滑约束,具有较高的计算效率;Jha[23](2008)采用遗传算法来反演垂直电测深数据,以数据的拟合误差作为目标函数,通过对层状模型参数进行编码来构建遗传算法的个体和种群。实验的结果表明该算法能够较好地估计一维地电模型的参数；Catt[24]（2009）利用α先验信息来构造参考模型，并使用参考模型来指导二维电阻率层析成像反演；Chatchai[25]（2013）从改进正演算法的角度来提高反演效率，提出了一种基于混合有限元和有限差分正演的二维电阻率反演算法；Qiang[26]（2013）在有限元法正演的基础上，实现了基于正则化共轭梯度法的含地形三维电阻率反演。

1.2.2 国内电阻率成像反演的研究进展

在国内，白登海[27]（1995）较早对电阻率层析成像的基础理论、操作原理和解释方法进行了综述，介绍了当时国内外电阻率层析成像技术的发展情况；王兴泰[28]（1996）应用佐迪法对地表高密度电阻率法采集的数据进行了电阻率图像的重建。同年，王兴泰还首次将遗传算法应用于电测深曲线的解释和反演，避免了传统反演算法对初始模型的依赖性；底青云[29]（1997）通过类比地震学中走时射线追踪技术，进行了电流线追踪电位电阻率层析成像方法研究；毛先进[30]（2000）初步研究了边界积分方程用于电阻率Zohdy反演的相关技术；吴小平[31]（2000）利用共轭梯度迭代技术实现了直流电阻率测量数据的三维最小构造反演；底青云[32]（2001）采用积分法实现了三维电阻率成像；闫永利[33]（2004）提出了一种层状介质背景下电阻率扰动反演方法以解决探测靶体与周围介质间电性差异不大的地质问题；吴小平[34]（2005）通过将地形直接带入反演算法中，利用共轭梯度法实现了非平坦地形条件下电阻率三维反演；宛新林[35]（2005）提出了一种改进粗糙度矩阵元素的光滑约束最小二乘正交分解法反演，并用其解释了地表观测的三维视电阻率数据。李天成[36]（2007）比较了温拿、温拿-斯伦贝格和偶极-偶极装置在水平和垂直模型上的电阻率成像反演结果的差异；刘海飞[37]（2007）提出了一种混合范数下的最优化反演方法，该方法对数据空间和模型空间采用不同的范数来构造目标函数，并采用加权共轭梯度法进行求解；汤井田[38]（2008）通过加入自适应粗糙度参数，并在圆滑约束反演的迭代改正过程中，同时确立突变边界位置，提高了模型参数在此边界上的反演效果；闫永利[39]（2009）提出了一种概率成像法、α中心法和遗传算法相结合的电阻率反演方法，该方法使用概率成像法初步估计α中心的强度系数范围，然后以α中心法为正演方法，使用遗传算法反演出准确的α中心强度系数，并重构地下电阻率的分布情况；韩波[40]（2012）提出了一种基于全变差正则化方法和经典吉洪诺夫正则化方法的混合正则化电阻率成像反演算法。杨振威[41]（2012）从高密度电法系统的发展、电极排列方式，反演方法及应用等方面，介绍了高密度电阻率法的应用研究进展；程勃[42]（2012）使用统计学特征来确定反演的初始模型，并结合遗传算法快速地实现了电阻率测深的二维反演。

1.2.3 电阻率成像反演的发展趋势

(1) 从一维反演到三维甚至四维反演

一维反演是将地质模型视为简单的层状模型进行解释处理，二维反演则是假设地电构造是二维的，观测剖面垂直于构造走向，通过解释观测剖面的视电阻率观测数据来定量推断该剖面下的地质结构。然而自然界中的地质模型均是三维结构，一维和二维反演的结果仅是一种近似解释，其计算精度和反演效果都难以达到精确反演的要求，而三维反演在理论上将给出一个更加精确的反演结果。近年来，随着计算机计算能力的不断提高，越来越多的学者开始关注三维甚至四维（含时间维）的电阻率成像反演技术，并给出了开源的实现方案：Pidlisecky[43]（2007）开发了一套开源的三维电阻率成像 Matlab 程序包，该程序包采用有限体积法作为正演的方法，并使用源校正和边界校正来提高正演的精度。该程序包实现了拟高斯牛顿算子，并使用共轭梯度法迭代来实现反演，还提供了两个实例数据来验证算法的有效性；Karaoulis[44]（2013）开发了一套基于时间域（Time-Lapse）的二维/三维电阻率、极化率的解释软件，该软件正演采用有限元方法，可以反演直流电阻率和复电阻率。针对时间域的反演，Karaoulis 采用了主动时间约束法（Active Time Constrained approach，ATC）来有效滤除与时间无关的数据噪声，提高了反演的性能。

(2) 从单一装置数据反演到多装置数据融合反演

电阻率成像技术本质上是电阻率法的一种特殊形式，其勘探效果与所选择的装置排列类型密切相关。不同排列类型的装置具有不同的分辨率和勘探深度，在相同的地质结构上，不同装置的视电阻率伪截面有着较大的不同。为了重构更加精确的地下地质结构，改进传统的电法勘探采集数据的方式，通过多装置数据融合来提高电阻率成像的分辨率成为了电阻率反演的一个重要方向。Stummer[45]（2004）进行了复杂电法数据采集的实验，该实验给出了一种包含标准装置数据和非标准装置数据的综合电法数据采集方法，可以在多电极系统中获取更多的数据以提高电阻率成像的精度；Athanasiou[46]（2007）根据不同装置数据的反演特点，提出了一种混合权重的综合反演方法，通过附加权重因子的方式来综合偶极-偶极、单极-偶极、温拿-斯伦贝格、温拿装置的反演结果，从而充分利用各种装置反演中的有效信息，得到更加可靠的地质模型；Zhe[47]（2007）提出了一种多通道、多电极的电阻率采集系统，能够提供一种"泛装置"的数据采集方法，通过提高采集电阻率数据的数量来获取更高精度的反演成像质量，在国内也称为"超高密度电法"。

(3) 从单一方法反演到多方法多数据的联合反演

每一种地球物理的反演方法都有它的特长和局限性。电阻率成像反演技术发展的一个重要方向就是开展多方法多数据的联合反演研究。在反演中应用多种地球物理观测数据和反演方法，通过各种观测数据的相互印证和不同反演方法的相互补充，能够较好地解决反演中的多解性问题。敬荣中[48]（2004）提出了一种基于模糊推理神经网络技术的联合反演方法，该方法依据数据融合的思想，提取各种地球物理探测数据特征，形成统一的语义模糊集合，再利用 FasART 模糊神经网络进行语义模糊集合的融合，从而实现多种地球物理数据的联合非线性反演；Zhang[49]（2011）提出了一种基于蚁群优化的 BP 神经网络，并将其应用于高密度电法资料的非线性反演，该方法使用蚁群算法优化 BP 神经网络的网络参数，然后使用优化的神经网络反演视电阻率数据。理论模型的反演结果表明该方法具有较小的误差和较高的决定系数。

（4）从线性反演到完全非线性反演

地球物理的反问题是一个典型的非线性反演问题。线性化的反演方法在求解非线性的反演问题时强烈地依赖于初始模型的选择。如果先验知识和信息不足，初始模型选择不当，则使用线性化的方式进行电阻率成像反演时容易陷入局部极值，得到非最优解甚至错误解。因此近年越来越多的研究者开始致力于完全非线性反演方法的研究。在电阻率成像反演领域，其主要的完全非线性反演方法包括：模拟退火法，遗传算法和神经网络法。最近一些有代表性的研究成果包括：Neyamadpour[50]（2010）研究了人工神经网络在反演拟三维直流电阻率成像数据中的应用。他使用有限单元法生成偶极－偶极装置的正演数据，并用其来进行神经网络的训练；针对 BP 神经网络的不足，他通过优化网络结构，使用动量因子来改善神经网络的反演性能，取得了较好的反演结果；Sharma[51]（2012）使用快速模拟退火算法来解释一维直流电测深数据，并通过概率密度函数来评估所获得的反演模型；Liu[52]（2012）提出了一种可控变异方向的遗传算法，该方法使用三维有限元法进行正演建模，在遗传算法的目标函数中加入平滑约束和不等约束，通过该算法在解空间中搜索模型参数，大大地提高了遗传算法的求解速度，并成功地应用于广州地铁的地下工程勘察中，其反演结果与钻孔资料基本吻合。

1.3 神经网络的研究现状

1.3.1 神经网络的概念和研究历史

人工神经网络（Artificial Neural Network，ANN），又称为神经网络（Neural Network，NN），是一种大规模的非线性自适应系统，它是在现代神经科学研究的基础上，试图通过模拟人类神经系统对信息进行加工、记忆和处理的方式而设计出的一种信息处理系统。它由大量简单的信息处理单元组成，是以数学物理的方法对生理学上真实人脑神经网络的抽象模拟。

人工神经网络的研究最早起源于 20 世纪 40 年代。1943 年 Mcculloch 和 Pitts[54]提出了著名的 M – P 模型,给出了形式神经元的数学描述和结构;1948 年,Wiener[55]提出了控制、通信和统计信号处理的重要概念,为神经网络的跨学科发展奠定了理论基础;1949 年,Hebb[56]提出了改变神经元突触(Synapse)联系强度的 Hebb 规则,该学习规则成为了神经网络学习算法的研究基础;1957 年,Rosenblantt[57]提出了感知器(Perceptron)模型,并于 1958 年将该神经网络的研究付诸工程实践;1960 年,Widrow 和 Hoff[58]利用最小均方差算法实现了自适应线性单元(Adaptive Linear Element)神经网络。神经网络的研究在 20 世纪 60 年代得到了较快的发展,但在 1969 年,Minsky 和 Papert[59]在所著的 *Perceptron* 一书中指出了单层感知器的局限性,并认为其局限性在多层感知器中也不能被完全克服。该书的观点使得神经网络的发展受到严重的影响,20 世纪 70 年代神经网络的研究陷入低谷。1982 年,Hopfield[60]研究了神经网络与非线性动力学之间的关系,借用 Lyapunov 能量函数的原理,给出了神经网络稳定性的判据,并提出了 Hopfield 神经网络。Hopfield 神经网络为著名的旅行商问题(TSP)提供了一个新的解决方案,引起了人们对神经网络的重新关注;1986 年,Rumelhart[61]的关于误差回传理论的论文在 *Nature* 上发表,使得 BP 算法被更多的人发现并受到了应有的重视,同时也解决了 Minsky 所提出的多层感知器在学习上的局限问题。从此越来越多的学者开始关注神经网络,神经网络的研究进入了一个新的发展阶段。

1.3.2 神经网络的基本模型

神经网络由大量的神经元构成,神经元是神经网络的基本处理单元。一个通用的神经元模型如图 1 – 1 所示:

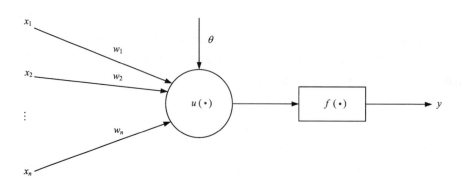

图 1 – 1 通用神经元模型图

图 1 – 1 中 $x = (x_1, x_2, \cdots, x_n)^T$ 为神经元输入向量,$w = (w_1, w_2, \cdots, w_n)^T$ 为

可调整的神经元权值，θ 为偏移量，代表神经元的阈值；$u(\cdot)$、$f(\cdot)$ 分别代表神经元的基函数和激活函数，y 为该神经元的输出。

多个神经元以一定的方式连接则构成了神经网络模型。目前一些具有代表性的神经网络模型主要包括：

(1) BP 网络。BP 神经网络是一种多层前馈神经网络，其主要采用有导师的训练方法，使用最小均方误差的学习方式，通过反向传播误差来修正权值，是应用最为广泛的一种神经网络。

(2) RBF 网络。RBF 网络采用径向基函数作为基函数，具有仅在微小局部范围内才产生有效非零响应的局部特性，因此学习迅速，可有效地克服局部极值的问题。

(3) Hopfield 网络。Hopfield 网络是当前研究最为广泛的反馈神经网络模型。其网络权值主要根据网络的用途进行设计，并易于通过电路实现其网络结构。Hopfield 网络主要应用于联想记忆和解决优化问题。

(4) SOM 网络。自组织特征映射网络是一种由全连接神经元阵列组成的无导师、自组织、自学习网络。通过训练，SOM 网络使得每个权值向量都位于输入向量聚类的中心，从而完成对数据的聚类分析。

(5) 小波神经网络。小波神经网络是小波理论与神经网络结构的有机结合。它采用小波基函数作为神经网络隐含层节点的传递函数，同时引用神经网络的经典算法对网络参数进行修正，充分继承了两者的优点。

(6) 模糊神经网络。模糊逻辑系统易于解释，神经网络则具有较强的自组织、自学习、自适应能力。模糊神经网络结合了两者的长处，提高了网络系统的学习能力和表达能力。

(7) 量子神经网络。量子神经网络是在量子计算和量子器件的基础上构建的神经网络，充分利用量子计算高速和并行的特点，在神经网络中引入量子门等关键技术，以此改进神经网络的结构和性能。

以上神经网络模型中，具有前馈结构的 BP 神经网络和 RBF 神经网络应用最为广泛，因此本书主要针对 BP 神经网络和 RBF 神经网络展开研究，分析其在电阻率成像非线性反演中的应用和改进。

1.3.3 神经网络在电阻率法反演中的应用

神经网络反演是目前完全非线性反演中最为活跃的一个分支，在电阻率反演中取得了大量积极的成果。Calderón – Macías[62] (2000) 使用人工神经网络较早地对一维电测深数据和地震波数据进行了反演，其中电测深数据使用 BP 算法，地震波数据使用混合 BP – SA(模拟退火算法)，数据仿真表明神经网络能够较为准确地实现一维模型的参数估计；El – Qady[63] (2001) 系统地对一维和二维电测深数据的神经网络反演进行了研究,给出了神经网络结构的构建方法,比较了不同学习算法的性能。考虑到神经网络中样本的重要性,El-Qady 初步给出了一维和二维电测深数据样本的获取方式,并指出神经网络反演最大的优势在于只要得到充分的训练,训练后的神经网络可以快速地针对不同电阻率数据进行反演,效率很高;徐海浪[64](2006)等针对 BP 神经网络的二维电阻率反演进行了研究,该研究基于单极-单极装置的电阻率数据,以视电阻率作为神经网络的输入,地电模型参数作为神经网络的输出,该研究使用了三隐层的神经网络,并比较了不同隐含层节点数目对训练精度和收敛情况的影响;Neyamadpour[65](2009)使用 matlab 神经网络工具箱构建了基于温拿-斯伦贝格装置的神经网络反演模型,该神经网络采用双隐层结构,以视电阻率数据及其位置作为神经网络的输入,以真电阻率作为神经网络的输出,通过改变电极间距来获取不同的训练样本,其训练算法采用 RPROP 算法;Ho[66](2009)对三维井-地勘探的电阻率成像反演进行了探索性的研究,系统地给出了三维神经网络反演中正演样本的获取方法,比较了不同训练算法对 BP 神经网络性能的影响,在其给出的训练数据中,RPROP 算法的收敛速度和稳定性均优于其他训练算法;Neyamadpour[67](2010)较早进行了三维电阻率成像的神经网络反演研究,考虑到三维成像的数据量较大,Neyamadpour 针对不同数量的训练样本(3,9,18,27 个数据集)对神经网络泛化性能的影响进行了实验分析,并给出了一种可实现的三维电阻率成像神经网络反演建模方法;Singh[68](2010)指出基于梯度下降学习的 BP 神经网络反演的全局收敛性差,针对复杂的二维电阻率数据,使用径向基算法(Radial Basis Algorithm,RBA)和 LM 算法(Levenberg-Marquardt Algorithm,LMA)训练神经网络,实验结果表明,高斯牛顿类算法(RBA,LMA)的反演精度和收敛速度优于梯度下降类算法(BP,ABP);Herman[69](2010)较早研究了 RBF 神经网络在电阻率成像反演中的应用,其建模的方式借鉴了文献[65]中提到的建模方法,反演结果与实际模型能够较好地吻合;Maiti[70](2012)采用贝叶斯神经网络和马尔科夫链门特卡罗法对垂直电测深数据进行了反演,并给出了用于地下水勘探的实例,该方法引入了正则化的思想,具有较高的鲁棒性;Srinivas[71](2012)比较了 BP 神经网络,RBF 神经网络和 GRNN 神经网络在垂直电测深数据反演中的性能表现,最终使用 BP 神经网络构建了一维电测深的反演模型,并给出了神经网络的实现参数。

综上所述,神经网络已在电阻率法反演中获得了广泛的应用,其应用范围既包含一维反演,也包含二、三维反演;既包含地表勘探数据的反演,也包含井-地勘探数据的反演;既包含单一的神经网络方法反演,也包含神经网络与其他方法的联合反演。以上研究工作为进一步深入研究神经网络的电阻率反演成像提供了坚实的理论和实践基础。

1.4 粒子群优化算法

1.4.1 粒子群优化算法的研究现状

粒子群优化算法(Particle Swarm Optimization,PSO)是由美国的Kennedy和Eberhart于1995年提出的一种模拟鸟群觅食行为的智能进化方法。该方法利用鸟群中个体对信息的共享机制,通过个体间的协作和竞争来实现全局搜索。

由于粒子群优化算法采用实数编码,需要调整的参数较少,易于实现,同时又具有深刻的仿生智能计算背景,因此该算法一经提出就受到了众多学者的重视,并在性能分析、模型改进、算法融合、优化应用等方面取得了许多有代表性的研究成果,具体如下:

性能分析:Clerc[72](2002)系统地分析了粒子群优化算法在多维复杂空间中的探测性、稳定性和收敛性;Trelea[73](2003)对粒子群优化算法的收敛性进行了分析,并针对测试函数给出了一组较好的参数选择。

模型改进:Shi[74](1998)为了更好地控制粒子群优化算法的全局搜索和局部搜索的能力,将惯性权重引入了早期的粒子群优化算法中,形成了现在标准的粒子群优化算法;1999年Shi[75]进一步改进了惯性权重,提出了一种基于递减函数惯性权重的粒子群优化算法,在该算法中,惯性权重是迭代次数的函数,沿直线线性递减;Chatterjee[76](2006)提出了一种动态自适应的非线性惯性权重,并用其改进粒子群优化算法的收敛速度,微调算法的搜索过程。

算法融合:Chiam[77](2009)将PSO算法和memetic算法相结合,构建了一个进化算法EA和PSO的混合模型;Melin[78](2012)将粒子群优化算法和模糊逻辑相结合,使用模糊逻辑来动态调整粒子群优化算法的参数;Das[79](2014)使用粒子群优化算法训练人工神经网络,并将其用来解决非线性信道均衡的问题。

优化应用:Ray[80](2010)使用粒子群优化算法解决多电平逆变器的电压谐波抑制问题;Zhu[81](2011)使用粒子群优化算法求解了带约束的组合优化问题;Wang[82](2014)使用一种元粒子(Sub-Particles)的编码方式来改进粒子群优化算法,并将其应用于总生产计划的规划问题中;Ting[83](2014)使用粒子群优化算法分析并求解了泊位分配问题。

1.4.2 粒子群优化算法在地球物理资料反演中的应用

粒子群优化算法是一种较新的地球物理资料非线性反演算法,其主要的应用开始于2007年,Shaw[84]在 Geophysics 杂志上发表论文评估了粒子群优化算法在地球物理反演中的应用能力,实现了粒子群优化算法对DC数据、IP数据和MT

数据的反演。结果表明,粒子群优化算法的反演结果与遗传算法的结果相近、性能相当。之后越来越多的学者对其在地球物理学中的应用展开了广泛的研究。师学明[85](2009)提出了一种阻尼粒子群优化算法,该方法采用惯性权重的振荡递减策略,能够快速有效地对大地电磁测深的理论模型和实测数据进行反演;陈强[86](2010)使用量子遗传算法(QGA)、量子退火算法(QA)和量子粒子群优化算法(QPSO)分别对雷云核电模型进行了反演,对比分析了不同模型结构对实际反演结果的影响;邱宁[87](2010)结合混沌的局部搜索和粒子群优化算法的全局优化的特点,将混沌-粒子群优化用于磁法反演计算,提高了粒子群优化算法避免陷入局部极小误区的能力;朱童[88](2011)通过引入粒子位置间的相互影响,提出了一种并行粒子群优化算法,该算法能够较好地实现二维标量波方程的速度反演,为粒子群优化算法进一步用于弹性波波动方程以及弹性参数反演提供了理论依据;蔡连芳[89](2012)采用粒子群优化算法优化目标函数寻找最佳反褶积算子,实现了地震信号的盲反褶积;崔益安[90](2013)通过对粒子群优化算法参数的合理设计,有效地实现了对多个异常目标体的同时反演,实时准确地定量解释了中梯剖面法的视电阻率数据。

综上所述,粒子群优化算法已经在国内外地球物理资料反演中开展了一系列的应用,其简单的实现方式和高效的搜索方法为解决地球物理非线性反演问题提供了一种新的思路。

1.5 微分进化算法

1.5.1 微分进化算法的研究现状

微分进化算法(Differential Evolution,DE)是由美国学者 Storn 和 Price 于1995年所提出的一种基于群体差异的进化算法。该算法收敛速度快,受控参数好,易于实现,有较强的全局搜索能力,是进化算法领域的研究热点之一。

微分进化算法提供了一种求解复杂系统优化问题的通用框架,它不依赖于问题的具体领域,具有较强的鲁棒性,已广泛地应用于很多学科。下面是微分进化算法近年来的一些主要应用领域:

多目标优化:Mezura – Montes[91](2008)对微分进化算法在多目标优化问题中的应用进行了系统的综述,给出了微分进化算法未来的发展方向;Basu[92](2011)将多目标微分进化算法用于解决环境经济调度问题(Economic Environmental Dispatch);Tan[93](2012)提出了一种基于微分进化的改进算法 MOEA/D – DE,用于求解复杂柏拉图集下的多目标优化问题;Sharma[94](2013)在多目标微分进化算法中,结合非劣解集提出了一种新的终止准则,并将其应用于化学过程的优化；Wang[95]（2014）使用微分进化算法解决火力发电厂中燃料热力学指标和经济学指标相约束的多目标优化问题。

组合优化：Pan[96]（2008）采用离散微分进化算法解决流水车间调度问题；Wang[97]（2010）提出了一种基于排列和求模运算的离散微分进化算法来求解阻塞流水车间调度问题；Noktehdan[98]（2010）受分组遗传算法的启发，提出了一种基于分组操作的微分进化算法，并结合本地搜索策略来解决制造单元的构建问题；Wang[99]（2011）通过在微分进化算法中引用爬山算法进行编码来解决中等规模的商旅问题；Ponsich[100]（2013）将微分进化算法和禁忌搜索算法相结合来解决作业车间调度问题。

混合算法优化：He[101]（2008）结合遗传算法和微分进化算法求解带阈值效应的经济分配问题；Coelho[102]（2010）将蚁群算法和微分进化算法相结合来实现混沌系统的同步；Santana-Quintero[103]（2010）将微分进化算法与粗糙集理论相结合求解带约束的多目标优化问题，其中本地搜索采用策略粗糙集理论以获得更高的计算效率；Jia[104]（2011）将 memetic 算法引入微分进化算法中，并结合混沌本地搜索来改进微分进化算法的早熟现象；Sedki[105]（2012）提出一种基于粒子群优化和微分进化算法的混合优化算法，并用来解决水资源分布系统的设计问题；Lai[106]（2013）采用小波变异算子对微分进化算法进行改进，并将其与模糊推理系统结合以实现对低血糖的检测；Li[107]（2013）利用微分进化算法和人工蜂群算法相结合求解最优无功功率流量问题。

神经网络训练：Magoulas[108]（2004）使用微分进化算法实现了 BP 神经网络的在线学习，并将该神经网络用于协助肠镜的诊断；Santos Coelho[109]（2008）利用混沌微分进化算法对 B 样条曲线神经网络的控制点进行调整，以改进 B 样条曲线神经网络的全局搜索性能；Chauhan[110]（2009）利用微分进化算法对小波神经网络进行训练以解决银行破产的预测问题；Subudhi[111]（2011）提出一种 memetic 与微分进化算法的混合算法，并将其用于神经网络的训练进行非线性系统识别；Lu[112]（2012）利用改进的微分进化算法对模糊神经网络的参数进行估计，提高了基于 BP 结构的模糊神经网络的精度和鲁棒性；Dhahri[113]（2012）利用分集多维微分进化算法进行 β 基神经网络（Beta Basis Function Neural Network，BBFNN）的设计；Dragoi[114]（2013）将自适应微分进化算法和神经网路相结合对有氧发酵过程进行优化。

图像和信号处理：Storn[115]（2005）等采用微分进化算法来进行非标准的数字滤波器设计；Aslantas[116]（2009）利用微分进化算法实现了基于奇异值分解的数字水印算法，该算法能够增强数字水印的图像质量和鲁棒性；Bastürk[117]（2009）结合细胞神经网络和微分进化算法实现了对数字图像的边缘检测；Chattopadhyay[118]等（2011）采用微分进化算法来设计 QPSK 调制系统中的 FIR 滤波器；Lei[119]（2014）利用微分进化算法控制数字水印的强度，实现了可逆数字水印在医学图像中的应用。

1.5.2 微分进化算法在地球物理资料反演中的应用

作为一种较新的仿生智能算法，微分进化算法在地球物理资料反演中的应用较少，其研究成果主要以近年来国内年青学者的论文为主。闵涛[120,121]（2009，2011）利用微分进化算法进行了波动方程参数反演的研究，通过对微分进化算法进行约束优化，以保持种群的多样性。该方法在对一维及二维波动方程反问题的数值模拟中取得了较好的结果；潘克家[122]（2009）提出了一种全新的基于 LSQR 算法的混合微分进化算法，该算法利用最小二乘 QR 分解算法给出了 DE 算法的初始种群，提高了 DE 算法的计算速度和稳定性；它被成功地应用于双频电磁波电导率的反演问题求解中；王文娟[123]（2010）将种群熵自适应微分进化算法和粒子群微分进化混合算法分别与 Tikhonov 正则化方法结合，对双频电磁波电导率成像的方程进行了反演；宋维琪[124]（2013）对贝叶斯微分进化反演方法进行了研究，并将其应用至微地震资料的反演中。反演结果表明对于不同程度的初至干扰，向准确解逼近程度比搜索方法要好得多。

综上所述，微分进化算法在地球物理资料反演中的应用还有待进一步的发展。作为进化计算领域的后起之秀，理论上来说，微分进化可以有效地完成以往研究中遗传算法在地球物理资料反演中的工作。当然，作为一种新兴的智能计算方法，微分进化算法在地球物理资料反演中的应用从开始到成熟，还有很长的路要走。

1.6 主要研究工作和章节安排

1.6.1 课题研究的目的与意义

近年来电阻率成像技术已经成为电法勘探的一个重要研究领域，其装置设备、分析软件和工程应用均取得了较大的进展。与传统的电测深、电剖面方法相比，电阻率成像技术能够采用更加灵活的方式进行布极与观测，能够以多通道的方式获取更加丰富的地质勘探数据，从而使勘探的适用性、可靠性和准确性大大提高。另一方面，由于勘探的规模和采集的数据量增大，使得电阻率成像技术的解释方法面临着更大的挑战，传统的线性或拟线性方法更容易陷入局部极值，因此开展电阻率成像技术的完全非线性反演的研究势在必行。

地球物理反演理论的实质就是研究地球物理学中的观测数据映射到相应的地球物理模型的理论和方法[125]。绝大多数的地球物理问题都是非线性问题，非线性的问题需要用非线性的方法来解决。目前地球物理学中完全的非线性反演方法可分为两大类：一类是基于全局解空间搜索的蒙特卡洛类方法，其典型的代表包括遗传算法、模拟退火算法和粒子群优化算法等；该类方法的特点是以一定的规则引导反演算法在全局解空间内搜索最优解，通过反复调用正演算法来评估解的质量，并最终收敛于全局最优解。另一类是基于样本学习的机器学习类方法，其典型代表包括人工神经网络、支持向量机、极限学习机等；该类方法的特点是通过正演算法来产生一系列用于学习的样本，然后使用一种机器学习模型来对样本进行学习，通过学习来调整模型的结构和参数，并最终产生能够正确解释观测数据的反演模型。其中神经网络模型已经从理论上证明可以收敛于全局最优解。以上两类完全非线性反演方法均在电阻率反演中得到了广泛的应用，但是根据其实现的原理，两类完全非线性反演方法有着各自的优缺点。蒙特卡洛类方法能够在全局解空间内搜索最优解，只要保证足够的搜索规模，总能够得到质量较好的全局解，但是由于其需要反复调用正演算法，在求解二维、三维问题时，需要很长的计算时间。机器学习类算法只在生成样本时需要调用正演算法，其计算时间整体优于蒙特卡洛类方法，但是如果样本的划分不够合理，则模型无法获得较高的泛化能力，适用范围较小。因此如何较好地结合这两类算法的优势，研究一种计算时间经济、泛化能力强的反演模型，具有较强的理论和实用价值。

神经网络是目前电阻率法反演中应用最为广泛的完全非线性反演方法之一，其应用范围从一维到三维，从地面到井-地，几乎涵盖了电阻率法反演的各个方面，形成了一套相对系统的理论和方法。然而随着人们对神经网络在电阻率成像反演中应用研究的不断深入，神经网络在非线性建模中的一些不足也逐渐显露。目前学者们对神经网络在电阻率法反演应用中的研究主要集中在 BP 神经网络，仅有少量文献涉及其他结构的神经网络，而 BP 神经网络反演电阻率数据存在以下问题：（1）对初始权值敏感，易陷入局部极小；（2）训练易停滞于误差梯度曲面的平坦区，收敛缓慢甚至不能收敛；（3）隐含层和隐节点数目难以确定，没有普遍适应的规律可循；（4）存在过拟合和过训练的问题。解决以上问题成为了研究神经网络在电阻率法反演中应用的热点和难点。

因此，研究电阻率成像的混合神经网络非线性反演方法具有一定的学术和理论意义。首先，电阻率成像技术具有较大的勘探范围和观测数据量，需要完全的非线性方法提供更加精确的反演结果；其次，完全非线性方法中的蒙特卡洛类方法和机器学习类方法，各自具有其独特的优缺点，两者相结合能够有效地兼顾反演的收敛速度和求解质量；最后，BP 神经网络虽然在电阻率法反演中已经有了较为广泛的应用基础，但是依然存在着诸多缺点，神经网络混合反演技术的研究，能够引入一些新的神经网络模型，对解决目前神经网络反演存在的问题具有指导意义。

1.6.2 主要研究工作

本书针对目前神经网络技术在电阻率法反演中存在的问题，对 BP 神经网络和 RBF 神经网络两种神经网络模型在电阻率成像中的应用展开了深入的研究，通过将神经网络与仿生技术、混沌技术、信息准则等多种方法融合来改进神经网络在电阻率法反演中的收敛速度和求解质量，其主要的研究工作从以下方面进行：

首先，BP 神经网络反演存在收敛缓慢和易陷入局部极小的缺点，本文通过将其与具有全局搜索优势的粒子群优化算法和微分进化算法相结合，并利用混沌技术，从两个不同的角度对 BP 神经网络的反演过程进行优化，改善了 BP 神经网络的反演质量。其具体的研究内容如下：

(1) 针对 BP 神经网络在反演时对初始权值敏感、收敛缓慢的特点，采用粒子群优化算法优化 BP 神经网络的初始权值和阈值。考虑到标准粒子群优化算法的局限性，采用了一种基于 Logistic 混沌序列的混沌振荡惯性权重算法，该算法能够加快粒子群优化的收敛速度，同时混沌序列的特性又保证了搜索的全局性。给出了基于混沌振荡 PSO–BP 算法电阻率成像非线性反演的具体实现方案，并通过模型反演验证了该方法的有效性。

(2) 针对 BP 神经网络在反演时易陷入局部极小的特点，将微分进化算法的全局搜索能力和 BP 神经网络的局部搜索能力相结合，使用 DE/rand/1/bin 形式的微分进化算法来训练 BP 神经网络，建立进化神经网络模型。考虑到 Logistic 混沌序列的切比雪夫分布特性，采用 Tent 混沌序列来获取微分进化算法的参数和取代微分进化算法中的随机过程，并使用约束因子来保证算法的快速收敛。给出了基于混沌约束的 DE–BP 算法电阻率成像非线性反演的实现流程，并通过模型反演验证了该方法的有效性。

然后，引入了 RBF 神经网络反演模型。BP 神经网络学习算法内在的缺陷决定了对 BP 神经网络参数的优化都只能够改善 BP 神经网络的学习性能，而不能解决 BP 神经网络的局部极值问题。同时，BP 神经网络的隐层结构也没有普适的设计方法。本文将 RBF 神经网络与信息准则和全局搜索算法相结合，利用信息准则解决 RBF 神经网络的隐层构造问题，同时利用全局搜索算法来改善 RBF 神经网络的反演结果。其具体的研究内容如下：

(3) 针对 BP 神经网络在电阻率成像非线性反演中的固有缺陷，系统地研究了 RBF 神经网络模型在电阻率成像非线性反演中的应用方法。将 RBF 神经网络与统计学中的汉南–奎因信息准则相结合，提出了一种能够自适应确定神经网络隐含层结构的 HQOLS 学习算法。通过与 RBF 神经网络学习算法中的聚类法、梯度法和正交最小二乘法相比较，验证了该自适应算法在电阻率成像非线性反演中的可行性。

(4) 针对 RBF 神经网络和信息准则在电阻率成像非线性反演中的应用进行更加深入的研究分析，比较了赤池信息准则(AIC)、贝叶斯信息准则(BIC)和汉南-奎因信息准则(HQC)在自适应确定隐含层结构时的性能差别和局限性，同时通过使用全局搜索算法(PSO)来微调径向基的中心和基带宽以便获得更佳的反演结果。

(5) 针对超高密度电法的解空间规模大、参数多的特征，引入了极限学习机学习模型。极限学习机的隐层参数随机获得，输出层参数通过求解 Moore-Penrose 广义逆矩阵获得，极大地简化了样本的学习过程；针对超高密度电法采集的高维样本数据，采用主成分分析法对输入样本进行降维，简化了样本的结构；加入了正则化因子，以克服样本中噪声对反演模型的影响，提高了极限学习机学习模型的泛化能力。通过与传统的最小二乘法和其他的神经网络反演技术比较，验证了该算法在超高密度电法非线性反演中的可行性。

1.6.3 章节安排

本书共分为 9 章，第 1 章绪论部分介绍了课题研究的背景和进展，介绍了三种常见的非线性反演方法在地球物理资料反演应用中的研究现状；然后阐明了本文主要的创新性研究成果和文章的结构框架。第 2 章从电阻率法和神经网络反演两个方面入手，首先介绍了电阻率法和稳定电流场的基本理论、视电阻率的概念和正演数值模拟的方法；然后介绍了 BP 神经网络的基本概念、学习算法和反演建模的方法与流程，比较了不同 BP 学习算法在电阻率成像神经网络反演中的效率和效果；第 3 章和第 4 章分别通过混沌振荡粒子群优化算法和混沌约束微分进化算法对 BP 神经网络反演过程进行了优化，并通过模型反演验证了算法的有效性和鲁棒性；第 5 章和第 6 章引入 RBF 神经网络对电阻率成像进行反演，系统地研究了 RBF 神经网络反演电阻率资料的理论和方法，并引入统计学中的信息准则来自适应地确定 RBF 神经网络的隐含层结构，最后通过粒子群优化算法微调 RBF 神经网络参数以实现二阶段学习的神经网络反演；第 7 章对超高密度电阻率成像的神经网络反演进行了初步的理论研究，针对超高密度电法的高维勘探数据，采用主成分分析法进行预处理，然后引入正则化极限学习机进行快速反演，提高了超高密度电法非线性反演的计算效率；第 8 章在一个简单的工程实测数据上对本文研究的反演算法进行了验证；第 9 章结论部分对上面的研究成果进行了总结，比较了 BP 神经网络和 RBF 神经网络反演的区别，对神经网络反演在电阻率成像领域中今后的研究方向进行了分析和展望。

1.7 本章小结

本章首先介绍了课题的研究背景，对电阻率成像反演的国内外研究进展做了阐述，总结了电阻率成像反演技术的发展趋势。由于绝大多数地球物理问题都是非线性问题，因此完全非线性反演是电阻率成像反演技术的一个重要发展趋势。本章着重介绍了神经网络、粒子群优化、微分进化三种典型的非线性反演方法的研究现状并分析了它们在地球物理资料解释中的应用，其中神经网络是历史最为悠久的地球物理完全非线性反演方法之一，在电阻率法的各个领域均有较多的研究成果，粒子群优化算法和微分进化算法则属于较新的完全非线性反演方法，其简洁的实现方式和快速的搜索过程已经引起广大的地球物理工作者的关注。最后给出了本书的研究意义、主要的研究工作和章节安排。

第 2 章　基于神经网络的电阻率反演成像

BP 神经网络是最早应用于电阻率法数据解释的完全非线性反演方法之一，早在 2000 年，Carlos 就应用神经网络对一维电测深数据和地震波数据进行了反演；2001 年 EI - Qady 系统地对一维和二维电测深数据的神经网络反演进行了研究，给出了反演中 BP 神经网络结构的构建方法，比较了不同学习算法的性能，他的研究也成为了使用神经网络进行电阻率反演的奠基之作。随后各国学者针对电阻率法的神经网络反演开展了各种研究，其研究领域既包含一维反演，也包含二、三维反演；既包含地表勘探数据反演，也包含井 - 地勘探数据反演；既包含单一的神经网络方法反演，也包含神经网络与其他方法的联合反演。下面将在介绍电阻率法和 BP 神经网络的基本理论的基础上，探讨 BP 神经网络进行电阻率非线性反演的关键问题。

2.1　电阻率法的基本理论

2.1.1　稳定电流场的基础理论

电阻率法通过电极向地下供直流电以建立稳定电场，然后测量电极附近的电场分布。由于测量的电极附近电场与地下介质的性质及分布有关，因而可以据此研究地下介质的分布状态及变化规律。导电介质中的稳定电流场遵守欧姆定律及克希霍夫定律等基本定律。这些定律又分为积分形式和微分形式。电法勘探中，由于电流呈不规则三度分布，故必须应用这些定律的微分形式[1]。

欧姆定律的微分形式是：导电介质中任意一点的电流密度矢量 j，其方向与该点的电场强度矢量 E 一致，其大小与电场强度成正比，而与该点电阻率 ρ 成反比，即：

$$j = \frac{E}{\rho} \quad (2-1)$$

此公式适合于任何形状的不均匀导电介质和电流密度不均匀分布的情况。

克希霍夫定律的微分形式是：在稳定电流场中，源外任意一点电流密度的散度恒等于零，即：

$$\nabla \cdot j = 0 \quad (2-2)$$

由于稳定电流场是势场,它应是标量电位的梯度,即

$$E = -\nabla U \qquad (2-3)$$

将式(2-1)和式(2-3)代入式(2-2)得:

$$\nabla \cdot \left(\frac{1}{\rho}\nabla U\right) = 0 \qquad (2-4)$$

在电阻率均匀的介质中,ρ 为常数,上式变为拉普拉斯方程:

$$\rho \nabla^2 U = 0 \qquad (2-5)$$

即在均匀介质中,稳定电流场的位满足拉普拉斯方程。

假设在电阻率为 ρ 的均匀各向同性的无限介质中(所谓均匀各向同性是指电阻率在介质中均匀分布,且其导电性与空间方向无关,即电阻率在介质中处处相等),点电流源在某处的拉普拉斯方程的解为:

$$U = \frac{\rho I}{4\pi} \times \frac{1}{R} \qquad (2-6)$$

当地表存在两个异性点电流源时,点电源 A 和 B 相距 $2L$,分别以 $+I$ 和 $-I$ 向地下供电,根据电场的叠加原理,地表任意两测量电极 M 和 N 处的电位由式 2-6 可得:

$$U_M = \frac{\rho I}{2\pi}\left(\frac{1}{AM} - \frac{1}{BM}\right) \qquad (2-7)$$

$$U_N = \frac{\rho I}{2\pi}\left(\frac{1}{AN} - \frac{1}{BN}\right) \qquad (2-8)$$

式中,AM、BM、AN、BN 分别为 A、B 与 M、N 间的距离。将上两式相减可得 M、N 两点间的电位差:

$$\Delta U_{MN} = U_M - U_N = \frac{\rho I}{2\pi}\left(\frac{1}{AM} - \frac{1}{BM} - \frac{1}{AN} + \frac{1}{BN}\right) \qquad (2-9)$$

从而得到测量的均匀大地电阻率的表达式:

$$\rho = \frac{2\pi}{\frac{1}{AM} - \frac{1}{BM} - \frac{1}{AN} + \frac{1}{BN}} \times \frac{\Delta U_{MN}}{I} = K\frac{\Delta U_{MN}}{I} \qquad (2-10)$$

式(2-10)中 K 称为装置系数(或布极常数),其单位为米,它由四个电极间的相对位置决定,其值为:

$$K = \frac{2\pi}{\frac{1}{AM} - \frac{1}{BM} - \frac{1}{AN} + \frac{1}{BN}} \qquad (2-11)$$

2.1.2 视电阻率的概念和意义

无论 A、B、M 和 N 四个电极如何排列,只要满足地面为无限大的水平面,地下充满均匀各向同性的导电介质的条件,式(2-10)便可用来求解均匀大地电阻

率。然而，实际的地质条件往往更加复杂，地形往往起伏不平，地下介质也不均匀，各种岩石相互重叠，断层裂隙纵横交错，或者有矿体充填其中。这时采用公式(2-10)计算的电阻率值，既不是围岩电阻率，也不是矿体电阻率，一般称其为视电阻率，用 ρ_s 表示，即：

$$\rho_s = K\frac{\Delta U_{MN}}{I} \tag{2-12}$$

式中，K 仍由式(2-11)确定。

视电阻率虽然不是岩石的真电阻率，实质上却是电场有效作用范围内地形和各种地质体电阻率的综合影响值。利用其变化规律可以发现和探查地下的不均匀性，达到找矿和解决其他地质问题的目的。在地面水平且地下介质均匀各向同性的情况下，ρ 等于 ρ_s。

2.1.3 常用电阻率方法

在电法勘探中，为了针对各种不同地质情况更好地完成地质任务，常采用各种不同的电极排列形式和移动方法。下面分别针对神经网络反演中应用较为广泛的几种电极测量方法进行介绍。

(1) 一维电测深：电阻率测深法(简称电测深)是在同一测点上逐次扩大电极距，使探测深度逐渐加大，这样便可得到观测点处沿垂直方向由浅到深的视电阻率变化情况。

对称四极电测深是一维电测深最常用的装置，它是以测点为中心，AB 极距对称于测点向两旁按一定倍数增加，MN 分段固定(另一种方法是 MN 与 AB 间保持固定比例，随 AB 的增大而增大)，对每一 AB 极距均可测出一视电阻率 ρ_s 值，对每一测点的电测深结果，用双对数坐标纸绘制电测深曲线，其横坐标以极距为自变量，纵坐标以 ρ_s 为因变量。显然，测深 ρ_s 曲线反映的是某个测点下垂向地质情况的变化。引起 ρ_s 曲线变化的主要因素是各电性层的厚度、电阻率的大小、层数的多少及电极距的长短。电法勘探中，常将由不同电性层组成的地质断面称为地电断面。通过对电测深曲线反映的地电断面的分析，便可了解测点下部地质情况的垂直变化[1]。

由于电测深方式的理论成熟，反演参数较少，非线性映射简单，因此特别适合使用神经网络的方式进行反演。目前神经网络反演电测深数据的研究文献很多，其非线性建模的方法最为成熟。

(2) 二维电阻率成像：在我国工程界又称为"高密度电阻率法"，它采用阵列勘探的思想，利用程控电极转换器，由微机控制选择供电电极和测量电极，实现了高效率的数据采集，可以快速采集到大量原始数据。具有观测精度高、数据采集量大、地质信息丰富、生产效率高等特点。一次布极可以完成纵、横向二维勘探过程，既能反映地下某一深度沿水平方向岩土体的电性变化，同时又能提供地层岩性沿纵向的电性变化情况。其常用的装置如图 2-1 所示（C1、C2 为供电电极，P1、P2 为测量电极）：

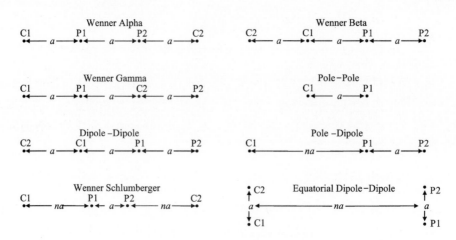

图 2-1　不同排列的装置示意图

由于二维电阻率成像能够解释更多的地质信息，因此逐渐成为目前神经网络反演的主要研究对象，人们已经针对二极装置[64]和温拿-斯伦贝格装置[65]的神经网络反演模型进行了分析研究，并提出了多种建模方法。对于电阻率成像，不同的装置类型具有不同的分辨率和探测深度，在相同的地质结构上，不同排列的响应视电阻率伪截面的形态有很大的不同。李天成[126]的研究指出，通过综合分析纵向水平产状组合模型和横向直立产状组合模型的反演结果，温拿-斯伦贝格装置的反演性能较为均衡，横向纵向分辨率适中，所以本文主要使用温拿-斯伦贝格装置下的测量数据进行神经网络反演的研究，其研究结果也可以很方便地推广至其他装置。

（3）三维电阻率成像：由于自然界中几乎所有的地质结构都是三维的，所以三维电阻率成像将给出更加精确的反演结果。

三维电阻率成像勘探的电极排列通常被安排成在 x 方向和 y 方向以相同的单位电极间隔的正方形网格（图 2-2），为了对有一定走向的地质体成像，也可以使用在 x 方向和 y 方向具有不同数量电极和间隔的矩形网格。以二极电极装置为例，实际工作中，首先在 1 号电极供电，其他电极依次测量电位，然后依次更换供电电极做类似测量。为节省工作时间，根据互换原理，后续电极供电时，无需再观测序号小于供电电极的测量电极电位[126]。

虽然三维电阻率成像更加符合自然界的地质结构，但是其复杂的非线性映射

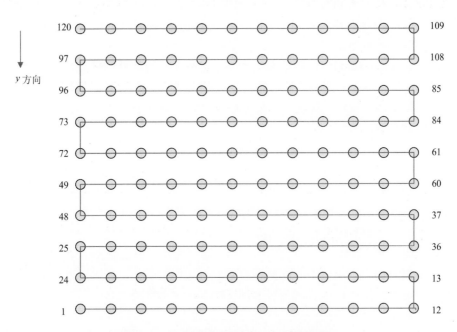

图2-2 三维电阻率成像电极布置示意图

特性和数目较大的反演参数使得神经网络反演建模的难度大,训练时间长。目前关于三维电阻率成像神经网络反演的研究才刚刚起步,其涉及的三维模型一般较为简单,同时反演建模中所涉及的关键问题还有待进一步探讨。

2.1.4 正演问题的数值模拟方法

已知电阻率的空间分布求电场分布的过程称为正演或解正问题。正演的解是唯一的,电阻率成像正演在神经网络建模的过程中主要用来计算神经网络的训练样本。BP神经网络是一种基于导师训练的学习网络,其用于学习的训练样本由正演算法产生,电阻率成像正演算法的效率和准确性从一定程度上决定了神经网络的学习效率和反演精度,因此,选择合适的正演算法是进行电阻率成像神经网络反演的前提条件。

电阻率的正演方法主要包含解析法和数值模拟方法,解析法虽然能得到明确的解析表达式,但其推导过程往往非常复杂,只能得到少数情况下的解析式,主要用于一维电测深的正演计算;随着电子计算机的普及,数值模拟方法成为了二维、三维电阻率正演的主要方法。数值模拟方法通过将连续变量离散化,用计算机运算,从而求得问题的数值解。用于电阻率成像的数值模拟方法主要包括[127]:

有限差分法(FDM)：它是以差分原理为基础、应用比较广泛的一种经典的数值模拟方法。是用离散网格节点的函数差商来近似该点的偏导数，原微分方程和定解条件近似为代数方程组，即有限差分方程组，对该差分方程组进行求解就得到各离散节点的函数值。

边界单元法(BEM)：边界单元法就是用格林公式等将研究区域内的偏微分方程转换为边界上的积分方程，然后将边界区域上的积分方程离散成为只包含边界上结点未知量的方程组，解这个代数方程组可以得到边界节点上的值，然后进一步求得研究区域内节点的值。

有限单元法(FEM)：是基于变分原理的一种数值模拟方法。求解过程首先把要求解的边值问题根据变分原理转化为相对应的变分问题，也就是泛函的极值问题；然后按一定剖分原则把连续的求解区域进行离散化，在各个离散网格单元上对变分方程进行离散，导出以各个网格节点的场值为未知量的线性方程组；求解该方程组，得出各个网格节点的场值。

有限体积法(FVM)：又叫有限容积法，是把计算区域离散成一系列不重叠的小区域(控制体积)，在每个小区域上对控制方程(待求解的微分方程)进行积分，对积分方程进行离散得到一组离散方程，然后对离散方程组进行求解，得到问题所需要的物理量。

总的来说，每种方法在正演模拟计算方面都有它的优势和不足。有限差分表达简单，数学概念比较直观，易于编程实现，但计算时容易累积误差和引起数值频散，导致计算过程不稳定；边界单元法只需在异常体的边界剖分单元，降低了求解问题的维数，使最后的线性方程组的阶数大大减少，尤其对三维问题和无限区域问题的效果比较明显，但边界单元法要先求得问题的基本解，对于很多问题很难应用；有限元法可以模拟复杂的电性结构和任意地形，精度高，但计算量比较大，对内存需求很大；有限体积法是介于有限差分和有限单元之间的方法，易于理解，有明确的物理意义。

本文采用 Adam[128] 提出的有限体积法进行二维电阻率成像的正演计算，相关理论和实现过程如下：

对于任意的电导率结构，两个异性点电源的三维电场电位可用以下公式描述：

$$-\nabla \cdot \sigma(x,y,z)\nabla\phi(x,y,z) = I(\delta(r-r_+) - \delta(r-r_-)) \quad (2-13)$$

式中，ϕ 为电位，I 是输入电流，σ 为电导率结构，r_+，r_- 是正负点电流源的位置，$\delta(\cdot)$ 是中心位于电流源位置的冲击函数。在野外工作中多用点电流源供电，在这种情况下，可令电场为三维，地电模型简化为二维，即令：

$$\frac{\partial \sigma(x,y,z)}{\partial y} = 0 \quad (2-14)$$

则式 2-13 可改写为：
$$-\nabla \cdot \sigma(x,y)\nabla \phi(x,y,z) = I(\delta(r-r_+) - \delta(r-r_-)) \quad (2-15)$$

Dey 和 Morrison(1979)证明了傅里叶变换可求解式(2-15)，傅里叶变换及其逆变换的定义如下：

$$\tilde{f}(x,k_y,z) = \int_0^\infty f(x,y,z)\cos(k_y y)\mathrm{d}y \quad (2-16)$$

$$f(x,y,z) = \frac{2}{\pi}\int_0^\infty \tilde{f}(x,k_y,z)\cos(k_y y)\mathrm{d}y \quad (2-17)$$

对式 2-15 做傅里叶变换：

$$-\nabla \cdot \sigma(x,z)\nabla \tilde{\phi}(x,k_y,z) + k_y^2 \sigma(x,z)\tilde{\phi}(x,k_y,z) = \frac{1}{2}(\delta(r-r_+) - \delta(r-r_-)) \quad (2-18)$$

式中，k_y 为波数，$\tilde{\phi}$ 是变换后的广义电位；式 2-18 用矩阵形式描述如下：

$$(\boldsymbol{D}\cdot \boldsymbol{S}(\boldsymbol{\sigma})\cdot \boldsymbol{G} + k_y^2 \cdot \boldsymbol{S}(\boldsymbol{\sigma}))\tilde{\boldsymbol{u}} = \boldsymbol{A}(\boldsymbol{\sigma},k_y^2)\tilde{\boldsymbol{u}} = \boldsymbol{q} \quad (2-19)$$

式中，$\boldsymbol{D}$ 和 $\boldsymbol{G}$ 是二维下的散度和梯度算子，$\boldsymbol{S}(\boldsymbol{\sigma})$ 为电导率结构矩阵，$\tilde{\boldsymbol{u}}$ 为广义电位矩阵，$\boldsymbol{A}(\boldsymbol{\sigma},k_y^2)$ 为正演操作算子，$\boldsymbol{q}$ 为一个包含正负点电流源位置的矢量。

在给定的波数和电导率结构结构下，$\tilde{\boldsymbol{u}}$ 可由下式求解：

$$\tilde{\boldsymbol{u}} = \boldsymbol{A}(\boldsymbol{\sigma},k_y^2)^{-1}\cdot \boldsymbol{q} \quad (2-20)$$

求得广义电位 $\tilde{\boldsymbol{u}}$ 后，再作逆傅里叶变换可求得有限波数下的电位 $\boldsymbol{u}$：

$$\boldsymbol{u} = \frac{2}{\pi}\sum_{i=1}^n \tilde{\boldsymbol{u}}(\sigma,k_i^2)g_n \quad (2-21)$$

式中，n 是波数的数量，g_n 是各波数的权值之和。

为了求解公式(2-20)，需要进行网格剖分和数值计算。本文中主要采用 Haber[129](2000)所提出的基于单元中心和可变网格的有限体积法。其有限体积网格剖分的方法如下：

其中：

$$S_w = S_{i+\frac{1}{2},j} = \frac{dz_i + dz_{i+1}}{\dfrac{dz_i}{\sigma_{i,j}} + \dfrac{dz_{i+1}}{\sigma_{i,j+1}}} \quad (2-22)$$

$$S_n = S_{i,j+\frac{1}{2}} = \frac{dx_j + dx_{j+1}}{\dfrac{dx_j}{\sigma_{i,j}} + \dfrac{dx_{j+1}}{\sigma_{i,j+1}}} \quad (2-23)$$

$$S_e = S_{i+\frac{1}{2},j+1} = \frac{dz_i + dz_{i+1}}{\dfrac{dz_i}{\sigma_{i,j+1}} + \dfrac{dz_{i+1}}{\sigma_{i+1,j+1}}} \quad (2-24)$$

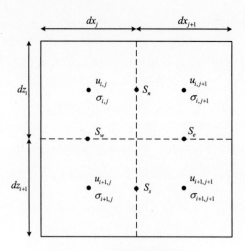

图 2-3 有限体积网格剖分

$$S_s = S_{i+1, j+\frac{1}{2}} = \frac{dz_j + dz_{j+1}}{\dfrac{dx_j}{\sigma_{i+1,j}} + \dfrac{dx_{j+1}}{\sigma_{i+1,j+1}}} \quad (2-25)$$

式中，$u_{i,j}$ 和 $\sigma_{i,j}$ 分别是网格中心处的电位值和电导率值，dx_j 和 dz_i 分别是 x 和 z 方向上的离散间隔，一般根据实际的情况自行定义，$s_{i,j}$ 为对应位置的平均电导率。源矢量 q 是冲击函数的离散化近似，仅在正负点电流源的位置有值，其值为 $(1/2\Delta A)$，其中 ΔA 为点源所在单元格的面积。

2.2 BP 神经网络的反演方法

2.2.1 BP 神经网络的基本结构

采用 BP 算法(Back Propagation)的前馈型神经网络模型一般称为 BP 神经网络(Back Propagation Neural Network，BPNN)，它由输入层、中间层和输出层构成，其中中间层又称为隐含层，可以是一层或多层。BP 神经网络的主要特点为信号前向传播，误差反向传播。在前向传递中，输入信号从输入层经隐含层逐层处理至输出层，其输出为输入和权值的函数。每一层的神经元状态只影响下一层的神经元状态。如果输出层得不到期望输出，则转入反向传播，根据网络实际输出与期望输出之间的误差调整网络的权值和阈值，从而使 BP 神经网络预测输出不断逼近期望输出。一种典型三层的 BP 神经网络结构如图 2-4 所示[130]：

图 2-4 中 $x_1, x_2, \cdots, x_n$ 是 BP 神经网络的输入值，$y_1, y_2, \cdots, y_m$ 是 BP 神经网络的预测输出值，w_{ij}, w_{jk} 是 BP 神经网络的权值。

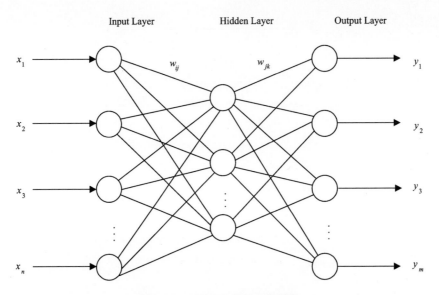

图 2-4 三层 BP 神经网络结构

当网络初始化以后,根据输入向量 x,输入层和隐含层的权值 w_{ij} 以及隐含层阈值 α,计算隐含层节点的输出为:

$$H_j = f(\sum_{i=1}^{n} w_{ij} x_i - a_j) \quad (2-26)$$

其中 f 为隐含层激活函数,激活函数又称神经元函数,其基本的功能包括:控制输入对输出的激活作用,对输入、输出进行函数转换,将可能无限域的输入变换成指定有限范围内的输出[131]。常用的激活函数有以下一些类型:

(1) 硬极限函数:$f(x) = \begin{cases} 1 & x \geq 0 \\ 0 & x < 0 \end{cases}, f(x) = \begin{cases} 1 & x \geq 0 \\ -1 & x < 0 \end{cases}$ \quad (2-27)

(2) 饱和线性型函数:$f(x) = \begin{cases} r & x \geq r (r \text{ 为神经元最大输出值}) \\ x & |x| < r \\ -r & x \leq -r \end{cases}$ \quad (2-28)

(3) 线性函数:$\quad f(x) = a \cdot x$ \quad (2-29)

(4) Sigmoid 函数:$\quad f(x) = \dfrac{1}{1 + e^{-x}}$ \quad (2-30)

$$f(x) = \dfrac{1 - e^{-x}}{1 + e^{-x}} \quad (2-31)$$

(5) 高斯函数:$\quad f(x) = e^{-\frac{x}{\delta}}$ \quad (2-32)

不同激活函数的函数图形如图 2-5 所示。

根据隐含层输出 H,连接权值 w_{jk} 和阈值 b,可计算单隐含层 BP 神经网络的

预测输出为:

$$O_k = f(\sum_{j=1}^{l} H_j w_{jk} - b_k) \quad (2-33)$$

式中,f 为输出层激活函数,O_k 为网络预测输出。

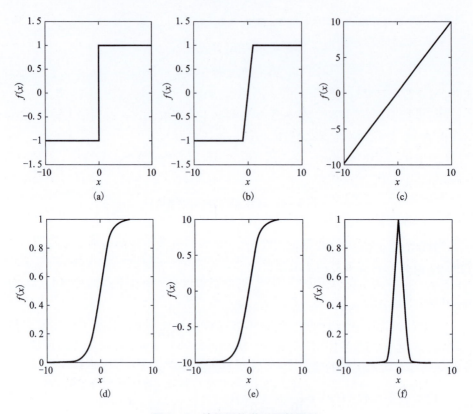

图 2-5 神经网络激活函数图形

(a)硬极限函数;(b)饱和线性函数($\gamma=1$);(c)线性函数($\alpha=1$);(d)单极性 Sigmoid 函数;
(e)双极性 Sigmoid 函数;(f)高斯函数($\delta=1$)

2.2.2 BP 神经网络的学习算法

根据 BP 神经网络的基本理论,BP 神经网络的学习分为两个阶段:由前向后正向计算各隐含层和输出层的输出,由后向前误差反向传播修正网络中的权值和阈值。因此 BP 算法的计算步骤如下:

(1)初始化 BP 神经网络的隐含层结构;

(2)初始化 BP 神经网络的权值和阈值;

(3)通过公式(2-26)和(2-33)依次计算各层的输出;

(4) 计算网络预测输出 O_k 和期望输出 T_k 之间的预测误差：

$$e_k = (T_k - Q_k)O_k(1 - O_k) \quad (2-34)$$

(5) 按照以下公式更新权值 w_{ij}、w_{jk} 和阈值 a_j、b_k [130]：

$$w_{ij} = w_{ij} + \eta H_j(1 - H_j)x_i \sum_{k=1}^{m} w_{jk}e_k \quad (2-35)$$

$$w_{jk} = w_{jk} + \eta H_j e_k \quad (2-36)$$

$$a_j = a_j + \eta H_j(1 - H_j)\sum_{k=1}^{m} w_{jk}e_k \quad (2-37)$$

$$b_k = b_k + \eta e_k \quad (2-38)$$

式中，η 为学习速率。

(6) 重新计算各层输出，如果预测误差低于设定阈值或者达到最大学习次数，则终止学习；否则，转至步骤(2)继续新一轮的学习。

以上为经典 BP 算法的计算步骤，虽然 BP 算法已得到广泛的应用，但是由于其训练过程的随机性，BP 算法在学习中主要存在着收敛速度慢和目标函数易陷入局部极值等问题。针对以上问题，人们提出了一些改进的方法：

(1) 附加动量法

Rumelhart[61]（1986）提出了一种改善 BP 训练时间并保证训练过程稳定性的附加动量方法。该方法在每个加权调节量上加上了一项正比于前次加权变化量的值，这就要求在每次调节完成后，要求记住调节量，以便在下面的加权调节中使用，其迭代过程如下：

$$\Delta w(t+1) = (1-\alpha)\eta \frac{\partial E}{\partial w(t)} + \alpha \Delta w(t) \quad (2-39)$$

式中，α 为动量因子，通过 α，权值修正量加上了有关上一时刻权值修改方向的记忆。通过该方法，可滑过解空间中的一些局部极小值，但需要对采用附加动量法的条件进行判断，其判断条件为：

$$\alpha = \begin{cases} 0 & SSE(t) > 1.04 SSE(t-1) \\ 0.95 & SSE(t) < SSE(t-1) \\ \alpha & \text{otherwise} \end{cases} \quad (2-40)$$

式中，SSE 为误差平方和。

(2) 自适应学习率法

对于 BP 算法，学习率决定了权值的改变程度，学习率越大，权值的变化越大，收敛越快，但容易引起学习过程中的振荡；所以应该在不引起振荡的前提下，尽可能取最大的学习率值。一种有效的自适应学习率调整公式如下：

$$\eta(t+1) = \begin{cases} 0.75\eta(t) & SSE(t) > 1.04 SSE(t-1) \\ 1.05\eta(t) & SSE(t) < SSE(t-1) \\ \eta(t) & \text{otherwise} \end{cases} \quad (2-41)$$

式中，SSE 为误差平方和。

采用自适应学习率调整的 BP 算法降低了对初始学习率 $\eta(0)$ 的依赖性，具有较高的训练效率。

(3) 弹性 BP 算法

传统 BP 神经网络隐含层一般采用 Sigmoid 函数，当输入变量的取值很大时，其斜率过于平坦，趋近于 0，这将导致基于梯度下降的 BP 算法对网络权值的修正过程几乎停顿，其训练时间增长。

弹性 BP 算法为了消除梯度幅度的不利影响，在权值修正时只取偏导数的符号，不取偏导数的幅值。偏导数的符号决定权值更新的方向，而权值变化的大小则取决于一个与幅值无关的修正量。当连续两次迭代的目标函数梯度方向相同时，则将权值和阈值的修正值增大；反之，则将其修正值减小。如果权值在相同的梯度上连续被修正，则其幅度必然增加，从而克服了梯度幅度平坦的不利影响。其权值修正的迭代过程可表示为：

$$w(t+1) = w(t) + \Delta w(t)\,\text{sgn}\left(\frac{\partial E}{\partial w(t)}\right) \quad (2-42)$$

式中，$\Delta w(t)$ 为前一次修正量，当训练发生振荡时，权值的变化量将减小；否则，权值的变化量将增大。因此弹性 BP 算法具有较快的收敛速度。

(4) 牛顿法

牛顿法是一种基于二阶泰勒级数的快速优化算法，其基本方法如下：

$$w(t+1) = w(t) - A^{-1}(t)g(t) \quad (2-43)$$

式中，$g(t)$ 为误差性能函数 $E(w)$ 的梯度向量，$A(t)$ 为误差性能函数在当前权值和阈值下的 Hessian 矩阵：

$$A(t) = \nabla^2 E(w)\Big|_{w-w(t)} \quad (2-44)$$

牛顿法的收敛速度要优于梯度修正算法，但对于前馈神经网络，Hessian 矩阵的计算复杂度很大。拟牛顿法在计算 Hessian 矩阵时用近似值进行修正，修正值被看作梯度的函数。在前馈神经网络中，应用较为成熟的拟牛顿法主要有 BFGS 算法。

(5) Levenberg–Marquardt 算法

Levenberg–Marquardt 算法和拟牛顿算法一样，是为了在以近似二阶训练速率进行修正时避免计算 Hessian 矩阵而设计的。当误差性能函数 $E(w)$ 具有平方和误差的形式时，Hessian 矩阵可近似的表示为：

$$H = J^{\text{T}} J \quad (2-45)$$

梯度的计算表达式为：

$$g = J^{\text{T}} e \quad (2-46)$$

式中，J 是包含网络误差函数对权值和阈值一阶导数的雅克比矩阵，e 是网络误差向量。雅克比矩阵可通过标准的前馈网络技术进行计算，其计算方法比计算 Hessian 矩阵更加简单。

类似于牛顿法，Levenberg – Marquardt 算法采用下式对权值进行修正：

$$w(t+1) = w(t) - [J^T J + \mu I]^{-1} J^T e \qquad (2-47)$$

式中，系数 μ 为 0 时，上式即为牛顿法，当 μ 值较大时，则为典型的梯度下降法。牛顿法逼近最小误差的速度更快，因此应尽快能的设置较小的 μ 参数。仅在迭代后误差性能增加的情况下才使 μ 参数增加。

(6) 共轭梯度法

经典 BP 算法是沿着梯度下降的方向修正权值的，虽然误差函数沿着梯度的最陡下降方向进行修正，误差减小的速度是最快的，但是收敛速度不一定是最快的。在共轭梯度算法中，沿着变化的方向进行搜索，其收敛速度更快。

共轭梯度法的第一次迭代式沿着最陡梯度下降的方向进行搜索的，然后，决定最佳距离的线性搜索沿当前的搜索方向进行，其权值修正的迭代过程可表示为：

$$w(t+1) = w(t) - \frac{\partial E}{\partial w(t)} + \beta(t)\Delta w(t) \qquad (2-48)$$

由式中可看出共轭梯度法的搜索方向由梯度方向和上一次的搜索方向共同决定，$\beta(t)$ 为比例系数。在 Fletcher – Reeves 修正共轭梯度算法中，$\beta(t)$ 定义为：

$$\beta(t) = \frac{g^T(t)g(t)}{g^T(t-1)g(t-1)} \qquad (2-49)$$

式中，$g(t)$ 为误差性能函数。

在电阻率成像反演的应用中，采用何种训练方法的训练速度最快，取决于电阻率成像的正演算法效率和成像规模。总的来说，对于反演模型较为简单的一维电测深反演，由于神经网络的参数较少（通常仅包含数百个权值），LM 算法的收敛速度最快，同时其训练精度也优于其他训练算法；牛顿法类似于 LM 算法，其所需的存储空间小于 LM 算法，但由于每次迭代均需要计算相应矩阵的逆矩阵，其运算量随网络的大小呈几何级数增长；共轭梯度法对网络规模的适应性更强，对于规模较小到规模较大的神经网络，均呈现出较为均衡的性能，可应用于各种规模的神经网络电阻率反演；RPROP 算法在训练高维神经网络模型时，其速度是最快的，但其性能会随着目标误差的减小而变差，同时该算法所需的存储空间较其他算法更小，主要应用在复杂的二维和三维电阻率成像神经网络反演的建模中。最后动量法和自适应学习率法均是在经典 BP 算法上的改进，其训练速度较以上算法要慢很多，但其存储空间与 RPROP 算法差不多，而且在有些特定的情况下，较慢的收敛速度反而能够达到更小的训练误差。

2.2.3　BP 神经网络的样本划分与建模

神经网络的反演方法与一般常规反演的求解思路有较大的不同，它不需要反复正演迭代以求得拟合观测数据的反演模型，而是通过样本学习来建立反演模型与观测数据之间的非线性关系，这一过程又称之为神经网络建模。

神经网络这种基于样本学习的反演方式一方面可以避免常规反演中雅克比矩阵的反复计算，提高反演算法的计算效率；但另一方面也表现出对样本的依赖性。王家映[125]指出，高度训练的神经网络反演算法，对学习过的样本有很高的识别能力；而对未训练的样本，如果与训练过的样本属于同一类型，联想会有很好的结果，反演的正确率很高；否则其反演的正确率会相对较低。

因此，要提高神经网络的反演质量，需要合理的规划样本。样本的获取可以是已知的观测数据及对应的解释资料，也可以是由计算机通过模型正演获得，理论研究中往往采用后者。在一维电测深反演中，通常采用测深点处的全部视电阻率作为神经网络的输入，而反演的一维模型参数作为神经网络的输出，使用不同类型的层状模型正演产生训练样本，并通过训练而建立神经网络反演的模型[63]。由于一维电测深的参数少，非线性映射简单，往往单隐层的 BP 神经网络就可以获得较好的反演结果。在二维和三维电阻率成像反演中，由于地电模型的结构更加复杂，神经网络往往采用更加复杂的双隐层或三隐层结构，而神经网络的样本划分则需要综合考虑异常体的位置和形态等多种因素。目前存在两种比较成熟的神经网络样本划分方式：

（1）采用观测数据的水平位置、垂直位置和视电阻率值为输入节点，对应位置的模型参数（真电阻率）值为输出节点，将每次测量的所有数据点设为一个数据集进行训练。该方式的特点是神经网络的结构简单、训练迅速，同时由于输入参数包含了位置信息，所以样本划分时的重点在于对异常体形态、大小的考虑。同时由于视电阻率和真电阻率一一对应，无法充分反映视电阻率是电场作用范围内地下电性不均匀体的综合反映这一视电阻率的本质特征。文献[65]给出了一种基于该方式的样本划分方法：样本划分采用一个包含 100 Ω·m 背景电阻率和单个 1000 Ω·m 异常体的高对比度理论模型，通过改变模型的电极间距（如 1 m，1.5 m，2 m，…，11 m）来获取不同的训练样本数据集，该方法实质上就是一种基于异常体大小的样本划分方法。

（2）采用一次观测的所有视电阻率作为输入节点，所有模型参数作为输出节点。该方式能够更加有效的揭示视电阻率和模型参数之间的内在关系，但对于二维和三维的电阻率成像反演，神经网络的输入输出节点数量巨大，隐含层结构非常复杂，训练和测试需要大量的时间。同时其样本划分的重点在于对异常体位置的考虑。文献[64]、[66]均采用这种样本划分方式。图 2-6 给出了一种在三维电阻率成像中基于该方式的样本划分方法：

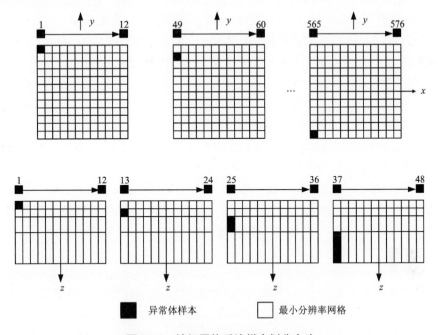

图 2-6　神经网络反演样本划分方法

图 2-6 中 x，y 轴的测量电极间隔均为 1 m，z 轴上依次为 1 m，1 m，2 m，4 m，在模型空间上按照测量电极间隔划分网格，并使用最小分辨率的单异常体遍历模型空间，求解不同位置时的正演数据获得训练样本。

总之，神经网络的建模需要充分研究神经网络样本划分和电阻率成像正演的相互关系，根据电阻率成像中异常体的特征，结合勘探的最低分辨率设计合理的训练样本划分方法，既保证训练样本均匀的分布于样本空间，又控制其数量在合理的范围之内，以确保算法的运行效率。

2.2.4　BP 神经网络的反演流程

根据 BP 神经网络的算法步骤和电阻率成像的地电学特征，给出 BP 神经网络的反演流程：

(1) 按照一定的规则划分训练样本，通过正演算法产生 BP 神经网络的输入输出数据；

(2) 初始化 BP 神经网络，包括输入输出数据的归一化，隐含层结构和权值参数的初始化；

(3) 依次输入学习样本，并计算神经网络各层的输出；同时求解各层的反传

误差,并修正神经网络参数;

(4)根据新的神经网络参数再重复执行步骤(3)。当满足设定的训练阈值或达到最大学习步骤时,停止学习,并保存神经网络参数,完成建模。

(5)输入观测数据(测试数据)进行反演,评估反演结果。

BP神经网络的反演流程如图2-7所示。

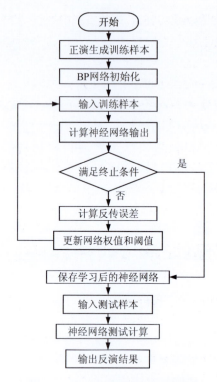

图2-7 BP神经网络反演流程图

2.3 本章小结

本章介绍了电阻率法的基本理论,阐述了在BP神经网络结构下进行电阻率成像反演的关键问题和方法。

首先介绍了稳定电流场的基本理论,视电阻率的概念和意义,为电阻率成像的神经网络反演奠定了理论基础;然后介绍了在神经网络反演中常用的电阻率勘探方法,并对电阻率法的正演方法进行了分析和比较,给出了本文正演所用的有限体积法的计算方法;接下来介绍了BP神经网络的基本结构和工作原理,比较了不同学习算法在电阻率成像神经网络反演中的效率和效果；针对不同的电阻率勘探方法，给出了学习样本的划分方法和神经网络的建模方法，最后综合以上研究，给出了 BP 神经网络进行电阻率成像的反演流程。

第3章 基于混沌振荡 PSO – BP 算法的电阻率成像反演

BP 神经网络在电阻率成像反演中虽然已经得到广泛的应用，但是在解释具体的电法资料时，依然存在着一些不足，主要表现如下：训练时间较长，收敛缓慢甚至停滞；对初始权值敏感，易陷入局部极小；隐含层结构的设计没有普遍适应的规律可循；存在过拟合和过训练的问题。同时，二维和三维电阻率成像的模型参数复杂，BP 神经网络的搜索空间随着模型参数的增加而急剧增加，反演算法的收敛性和准确性成为了神经网络反演研究的重点。

近年来，基于群智能的仿生计算技术得到了突飞猛进的发展，引起了诸多领域专家学者的关注，粒子群优化算法作为群智能仿生算法的代表，在智能计算中表现出了较好的全局搜索性能。将粒子群优化算法的全局搜索性能和 BP 神经网络的局部搜索优势相结合，能够使得二者相互补充，增强彼此的能力，从而形成一种更加快速有效解释电阻率资料的非线性反演方法。

3.1 粒子群优化算法的基本原理

粒子群优化算法是由 Eberhart 和 Kennedy[132]提出的一种模拟自然界的生物活动和群体智能的启发式全局搜索算法。该算法模拟鸟群觅食的过程，利用鸟群中个体对信息的共享机制，通过个体间的协作与竞争，实现整个鸟群运动在问题求解空间中产生从无序到有序的演化过程，从而实现在复杂空间中最优解的搜索。因此粒子群优化算法既吸收了人工生命（Artificial Life）、鸟群觅食（Birds Flocking）和群理论（Swarm Theory）的思想，又具有进化计算的特点，具有和遗传算法类似的搜索和优化能力。

粒子群优化算法具有动物行为学和社会心理学的研究背景。Eberhart 是一位电子电气工程师，Kennedy 是一名社会心理学家。他们通过各自的专业背景来合作研究鸟类寻找栖息地与搜索特定问题的最优解之间的关系。一方面，已经找到栖息地的鸟引导周围的鸟飞向栖息地的方式，增加了整个鸟群都找到栖息地的可能性，符合信念的社会认知观点，即个体向周围的成功者学习，模仿优秀者的行为；另一方面，又需要保持个体的独立性，即在鸟的个性和社会性之间寻找平衡。既保证鸟类模型中的鸟能够不相互碰撞，又能够指导其他的鸟向找到栖息地的鸟学习，以实现最优解的搜索。

Eberhart 和 Kennedy 所提出的粒子群优化算法较好的解决了鸟群个性和社会性之间的平衡问题，找到了一种均衡探索（寻找一个好解）和开发（利用一个好解）的方法。

鸟群觅食的基本生物要素和粒子群优化算法的对应关系如表 3-1 所示[133]：

表 3-1 鸟群觅食与粒子群优化关系对照表

鸟群觅食	粒子群优化算法
鸟群	搜索空间的一组有效解（表现为种群规模 s）
觅食空间	问题的搜索空间（表现为维数 n）
飞行速度	解的速度向量 V_i
所在位置	解的位置向量 X_i
个体认知与群体协作	每个粒子根据个体极值和全局极值来更新速度和位置
找到食物	算法结束，得到全局最优解

粒子群优化算法采用"速度 – 位置"搜索模型，根据粒子对搜索空间适应度值的大小对粒子的优劣进行评价，其中适应度函数根据优化的目标设定。粒子群优化算法首先在一个 n 维搜索空间中初始化为一群没有重量和体积的微粒，规模为 s，其中每个粒子 i ($i=1, 2, \cdots, s$) 在空间中的位置用 $\boldsymbol{X}_i = (x_{i1}, x_{i2}, \cdots, x_{in})$ 表示，飞行速度用 $\boldsymbol{V}_i = (v_{i1}, v_{i2}, \cdots, v_{in})$ 表示，然后通过迭代来寻找最优解。在每一次迭代过程中，粒子通过追逐两个极值来更新自己的位置：一个是粒子 i 自身所找到的当前最优解，这个最优解称为个体极值 $\boldsymbol{P}_i = (p_{i1}, p_{i2}, \cdots, p_{in})$；另一个是整个群体当前找到的最优解，这个最优解称为全局极值 $\boldsymbol{P}_g = (p_{g1}, p_{g2}, \cdots, p_{gn})$。以最小化目标函数 $f(x)$ 为例，粒子群优化算法的进化方程描述如下：

$$\boldsymbol{P}_i(t+1) = \begin{cases} \boldsymbol{P}_i(t) & f(\boldsymbol{X}_i(t+1)) \geqslant f(\boldsymbol{P}_i(t)) \\ \boldsymbol{X}_i(t+1) & f(\boldsymbol{X}_i(t+1)) < f(\boldsymbol{P}_i(t)) \end{cases} \quad (3-1)$$

$$f(\boldsymbol{P}_g(t)) = \min\{f(\boldsymbol{P}_1(t)), f(\boldsymbol{P}_2(t)), \cdots, f(\boldsymbol{P}_s(t))\} \quad (3-2)$$

$$v_{ij}(t+1) = v_{ij}(t) + c_1 rand_1(t)(p_{ij}(t) - x_{ij}(t)) + c_2 rand_2(t)(p_{gj}(t) - x_{ij}(t)) \quad (3-3)$$

$$x_{ij}(t+1) = x_{ij}(t) + v_{ij}(t+1) \quad (3-4)$$

式中，i 为前粒子 i 的位置；j 表示当前粒子 i 的第 j 维；t 表示第 t 代；c_1，c_2 为加速因子，分别代表粒子飞向个体极值和全局极值的步长，通常在 0 – 2 之间取值；$rand_1$、$rand_2$ 为取值在 0 – 1 之间的独立随机数。为了减少进化过程中微粒离开搜索空间的可能性，通常将 v_{ij} 和 x_{ij} 限定于一定的范围之内，即 $v_{ij} \in [v_{\min}, v_{\max}]$，$x_{ij} \in [x_{\min}, x_{\max}]$。

速度进化公式中，$wv_{ij}(t)$ 代表粒子先前的速度，$c_1 rand_1(t)(p_{ij}(t) - x_{ij}(t))$ 代表粒子的"认知部分"，即粒子对自身经验的学习；$c_2 rand_2(t)(p_{gj}(t) - x_{ij}(t))$ 代表粒子的"社会部分"，表示的是粒子间社会信息的共享。当粒子进化只包含"认知部分"时，粒子间缺乏信息交流，即没有社会信息的共享，等价于多个粒子独立搜索，难以得到最优解；当粒子进化只包含"社会部分"时，在粒子的相互作用下，能够达到新的搜索空间，并具有较快的收敛速度，但对于复杂问题，容易陷入局部最优。

粒子群优化算法的具体实现步骤可描述如下：

(1) 初始化粒子群，随机设定粒子的速度和位置；

(2) 计算适应度，评估粒子群，更新个体极值和全局极值；

(3) 根据"速度－位置"搜索模型，利用式 3-3 和式 3-4 对粒子群的速度和位置进行进化；

(4) 判断是否满足结束条件（达到设定阈值或最大学习代数），如果为否则返回步骤(2)，进入下一次迭代。

该算法可使用如下的基本流程图（图 3-1）更为直观的描述。

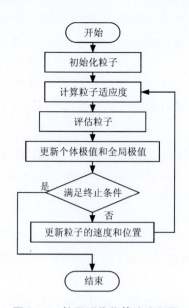

图 3-1　粒子群优化算法流程图

3.2 基于混沌惯性权重的 PSO 算法

3.2.1 基于振荡递减的 PSO 算法

为了改善粒子群优化算法的收敛性能，Shi 于 1998 年首次在式 3-3 的基础上引入了惯性权重，取得了较好的全局收敛效果[134]：

$$v_{ij}(t+1) = wv_{ij}(t) + c_1 rand_1(t)(p_{ij}(t) - x_{ij}(t)) + c_2 rand_2(t)(p_{gj}(t) - x_{ij}(t))$$
(3-5)

上式中，w 为惯性权重。惯性权重使得粒子保持运动惯性，使其具有扩展搜索空间的趋势，有能力探索新的区域。如果 $w=0$，则粒子速度没有记忆性，粒子群将由当前的极值解位置决定，会产生扩散效应；如果 $w=1$，则等价于标准的粒子群优化算法。惯性权重 w 一般取 0-1 之间的数值，合适的惯性权重选择可以使粒子具有均衡的探索和开发能力。早期的粒子群优化算法采用固定权重，后来很多文献对其进行了优化，采用了时变的惯性权重模型，文献[130]给出了常见的几种惯性权重 w 的计算方法。

$$w_1(t) = (w_s - w_e)\left(\frac{t}{T_{max}}\right)$$
(3-6)

$$w_2(t) = w_s - (w_s - w_e)\left(\frac{t}{T_{max}}\right)^2$$
(3-7)

$$w_3(t) = w_s - (w_s - w_e)\left[\frac{2t}{T_{max}} - \left(\frac{2t}{T_{max}}\right)^2\right]$$
(3-8)

式中，t 为当前迭代代数，T_{max} 为最大迭代代数，w_s 和 w_e 分别为惯性权重的初值和终值。

以上的惯性权重模型均为光滑递减模型，文献[85]提出了一种阻尼振荡的惯性权重模型，由于振荡形态的惯性权重具有模拟退火算法的思想，因此振荡递减的下降形态能够帮助粒子群优化算法加快收敛速度，跳出局部极值。该文中阻尼振荡的惯性权重 w 模型定义如下：

$$w = 0.99^t \cdot rand/2 + a$$
(3-9)

式中，$a \in [0, 0.5]$ 为一常数，$rand$ 为取值在 0-1 之间的独立随机数，t 为迭代次数。当 $a=0.1$ 时，惯性权重 w 的振荡递减形态如图 3-2 所示：

上述振荡递减形态的惯性权重方程可以通过递减形态保证惯性权重在后期能够以较小的值确保快速收敛，并通过振荡形态模拟退火过程以改善全局最优解的质量。但是该惯性权重方程无法准确的控制惯性权重的分布空间，同时并未给出 $rand$ 的具体实现方法。

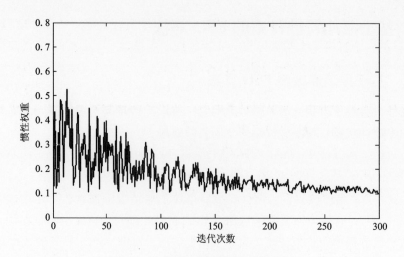

图 3-2 惯性权重振荡递减形态图

3.2.2 混沌的基本理论

在非线性动力学中,混沌是指非线性系统演化的一种不确定和无规则状态。确定性的非线性系统,从有序运动走向无序和混沌,在总体上是有规律的,这些规律称为混沌理论[135]。混沌的数学定义由 Li-Yorke 定理给出[136]:设 $f(x)$ 是 $[a,b]$ 上的连续自映射,若 $f(x)$ 有三周期点,则对任何正整数 n,$f(x)$ 有 n 周期点。闭区间 I 上的连续自映射 $f(x)$(以下简记为 f),若满足以下条件,则一定出现混沌现象:

(1) f 周期点的周期无上界;
(2) 闭区间 I 上存在不可数子集 S,满足:
1) 对任意 $x, y \in S$,当 $x \neq y$ 时,有

$$\lim_{n \to \infty} \sup |f^n(x) - f^n(y)| > 0 \tag{3-10}$$

2) 对任意 $x, y \in S$,有

$$\lim_{n \to \infty} \inf |f^n(x) - f^n(y)| = 0 \tag{3-11}$$

3) 对任意 $x \in S$,f 的任意周期点 $p \in I$,则有:

$$\lim_{n \to \infty} \sup |f^n(x) - f^n(p)| > 0 \tag{3-12}$$

以上便是著名的 Li-Yorke 定理中的"周期三意味着混沌"理论。上述定义描述了混沌运动不同于周期运动的重要特点,即混沌运动的轨道间总是时而无限接近,时而彼此分离,表现出非周期的混乱性,其具体表现在:时域上的随机混乱现象;频域上的宽带白噪声特征;长期的不可预测性;对初始值敏感和良好的自

相关特性。

Logistic 映射是最为典型的混沌系统,是描述昆虫数目变化的数学模型(即虫口模型)的一个特例。设某种昆虫第 n 年的虫口数目为 x_n,第 $n+1$ 年的虫口数目为 x_{n+1},两者之间一般用一个函数关系式来描述:

$$x_{n+1}=f(x_n), n=1,2,\cdots \tag{3-13}$$

这是一个差分方程,如果同时考虑虫口的增长和抑制两者因素,上述函数往往采用 Logistic 映射的方式实现,即:

$$x_{n+1}=\mu x_n(1-x_n), n=1,2,\cdots \tag{3-14}$$

式中,参数 μ 决定了 Logistic 映射的稳定点、周期规律和混沌行为。图 3-3 是函数值 x 随参数 μ 的变化情况,由图 3-3 可以看出当 $\mu=4$ 时,系统进入完全混沌状态。

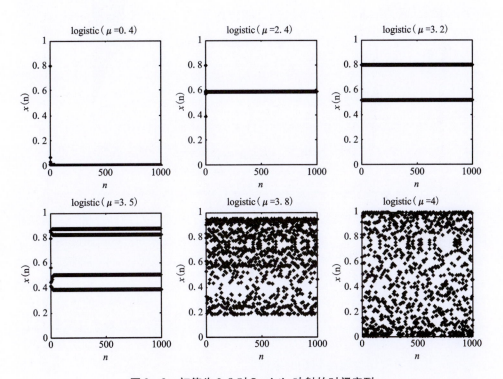

图 3-3　初值为 0.8 时 Logistic 映射的时间序列

往往把这种由于参数值变化使得函数值 x 取值由周期逐次加倍进入混沌状态的过程,称为倍周期分岔通向混沌[131]。Logistic 映射的分岔图如图 3-4 所示,该图描述了当 μ 值的取值变化时,系统由倍周期分岔通向混沌的过程。

从分岔图中可知,当 $0<\mu\leqslant 1$ 时,Logistic 映射系统的动力学形态十分简单,

仅有 $x_0 = 0$ 为吸引不动点；当 $1 < \mu < 3$ 时，系统的动力学形态较为简单，对应每个确定的 μ 值只有一个稳定状态（周期1），且仅有 0 和 $1 - 1/\mu$ 两个不动点；当 $3 \leq \mu \leq 4$ 时，系统的动力学形态十分复杂，系统由倍周期分岔通向混沌。其中当 $3 \leq \mu \leq 3.56994567$ 时，系统呈现稳定的 P 周期行为；当 $3.56994567 \leq \mu \leq 4$ 时，系统发生混沌。

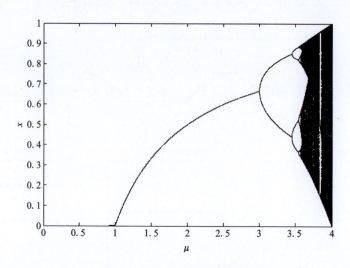

图 3-4　Logistic 映射分岔图

Lyapunov 指数是一种定量描述动力系统轨道局部稳定性的方法，它给出了混沌过程对初始状态的依赖程度。当 Lyapunov 指数为正时，初始状态相邻的轨道将随着时间以指数形式分离，系统呈现出对初值的极度敏感性，对应于混沌运动状态；同时由于混沌吸引域的有界性，轨道不能分离至无限远，所以混沌轨道只能在一个特定的区域内反复折叠，但永不相交，从而形成了混沌吸引子的特殊结构。当 Lyapunov 指数等于零时，其轨道间距离保持不变，迭代产生的点对应于分岔点。当 Lyapunov 指数为负时，相空间轨道将随时间以指数形式相互吸引趋近，系统的运动状态对应于不动点或周期态。因此在非线性动力系统的研究中，正的 Lyapunov 指数经常作为混沌判断的依据[137]。

对于一维映射，考虑初值点 x_0 和它的近邻点 $x_0 + \delta x_0$，使用 $f(x)$ 进行一次迭代后，它们之间的距离为：

$$\delta x_1 = |f(x_0 + \delta x_0) - f(x_0)| = \frac{df(x_0)}{dx} \delta x_0 \qquad (3-15)$$

经过 n 次迭代后：

$$\delta x_n = |f^{(n)}(x_0 + \delta x_0) - f^{(n)}(x_0)| = \frac{\mathrm{d}f^{(n)}(x_0)}{\mathrm{d}x}\delta x_0 = e_n^{LE}\delta x_0 \qquad (3-16)$$

式中，LE 就是 Lyapunov 指数，其值为：

$$LE = \lim_{n \to \infty}\frac{1}{n}\sum_{i=0}^{n-1}\ln|f'(x_i)| \qquad (3-17)$$

根据上述公式计算 Logistic 映射的 Lyapunov 指数谱如图 3 – 5 所示。

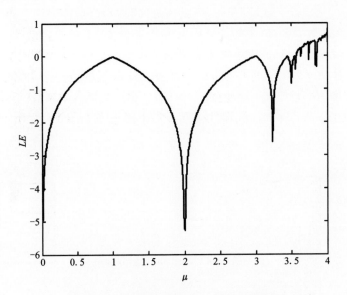

图 3 – 5　Logistic 映射 Lyapunov 指数谱

从 Logistic 映射的 Lyapunov 指数谱可知：

(1) $\mu \in (0, 1]$ 时，Lyapunov 指数 LE 从一个负值趋向于 0，x 值收敛到不动点 0；

(2) $\mu \in (1, 3]$ 时，$LE < 0$，x 收敛到 $1 - 1/\mu$，其中当 $\mu = 2$ 时，存在一个超稳定点，此时 $LE \to -\infty$（由于迭代次数有限，所以在图 3 – 5 中体现为一个有限大的负值）；

(3) $\mu \in (3, 3.56994567]$ 时，系统状态为倍周期分岔，LE 处于 $0 \to -\infty \to 0$ 的循环过程；

(4) $\mu \in (3.56994567, 4]$ 时，系统逐渐进入混沌状态；当 $\mu = 4$ 时，也就是满射的时候，LE 达到最大值 0.69；

通过比较图 3 – 4 和图 3 – 5 可知，Logistic 映射的分岔图和 Lyapunov 指数谱所描述的混沌特性基本吻合，当 $\mu = 4$ 时，Logistic 映射处于完全混沌状态，具有最大的 Lyapunov 指数和相空间，特别适合作为振荡递减的粒子群优化算法中

rand 函数的实现方法。

3.2.3 基于混沌振荡的 PSO 算法

笔者参照振荡递减的惯性权重思想,结合混沌 Logistic 方程提出来一种振荡递减的 w 惯性权重策略,其具体实现如下:

$$r(t+1) = \mu r(t)(1-r(t)) \quad t=0,1,2,3,\cdots,n \quad (3-18)$$

$$w_c(t) = w_e + (w_s - w_e)(0.99^t r(t)) \quad (3-19)$$

式(3-18)为 Logistic 方程,其中 μ 是控制参数,t 是迭代次数。当 $r(0) \in (0,1)$、$\mu=4$ 时,Logistic 方程处于完全混沌状态;式3-19为混沌振荡的 w 惯性权重方程,其中 $r(t)$ 为混沌 Logistic 方程的输出,经过数值实验,混沌初值的选择对最终适应度的影响不大,混沌振荡 PSO 算法最终均能收敛到最优解附近。当混沌初值为 $r(0)=0.234$ 时不同惯性权重 w 的下降形态如图3-6所示($w_s=0.4$,$w_e=0.9$):

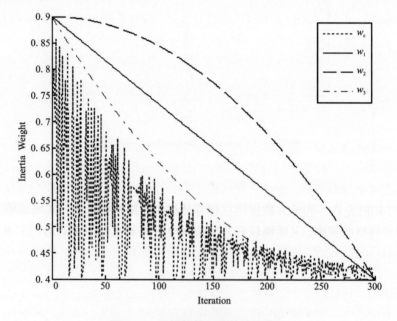

图3-6 不同惯性权重的迭代曲线

同时粒子群优化算法的进化方程更新成:

$$v_{ij}(t+1) = w_c v_{ij}(t) + c_1 r_{c1}(t)(p_{ij}(t) - x_{ij}(t)) + c_2 r_{c2}(t)(p_{gj}(t) - x_{ij}(t))$$
$$(3-20)$$

式(3-20)中 $r_{c1}(t)$ 和 $r_{c2}(t)$ 为采用不同混沌初值时的混沌 Logistic 方程输出。

3.3 混沌振荡 PSO - BP 算法反演建模

3.3.1 BP 神经网络的样本划分与建模

本章主要针对二维电阻率成像技术进行混沌振荡 PSO - BP 非线性反演的理论研究,其获取样本的正演模型参数设置如下:采用温拿 - 斯伦贝格装置,测量电极为 37 个,极距为 1 m,一条测线上共采集 15 层 300 个数据点。正演方法采用第二章所介绍的有限体积法。

针对电阻率反演的 BP 神经网络建模,目前的文献中主要有两种方法,一种是使用视电阻率的水平位置、垂直位置和视电阻率值为输入节点,对应位置的真电阻率值为输出节点,将每次测量的所有数据点设为一个数据集进行训练[65]。该方法的特点是神经网络的结构简单、训练迅速。但存在两个问题:其一视电阻率和真电阻率一一对应,无法充分反映视电阻率是电场作用范围内地下电性不均匀体的综合反映这一视电阻率的本质特征;其二视电阻率的垂直位置一般是投影位置,与真实位置存在误差,反演的垂直精度差。另一种是将所有测量的视电阻率作为输入节点,所有模型参数作为输出节点[66]。该方法建立的神经网络输入输出节点数量大,且隐含层结构复杂,如此大规模的神经网络不仅需要通过大量的时间来进行训练和确定隐含层的最优节点数、而且训练和测试需要更多的样本数据。

本章综合考虑以上两种建模方式的优缺点,采取以下建模方式:将采集并预处理后的视电阻率数据以垂直方向分组,每组输入数据包含一列或多列(奇数列)相邻垂直视电阻率数据,输出数据为输入数据组中间列数据对应位置的模型电阻率参数,同时允许不同输入数据组在相邻处存在数据重叠。该方式既能够有效的控制神经网络的规模,又能够较好的反映视电阻率和真电阻率的对应关系;同时由于是垂直分组,所以能够在一定程度上克服投影位置的误差,提高了在垂直方向上的反演精度。

采用以上建模方式,经过数值测试确定 BP 神经网络输入节点数为 45 个,输出节点为 15,每一次测量可获得多组数据集,同时大大简化了 BP 神经网络的结构。神经网络的训练数据通过改变不同异常体的位置和形态来获得,共获取 640 组数据集。为测试神经网络的泛化性能,同时提供 32 组测试数据,测试数据均未参加网络训练。其中部分用于训练的样本模型如图 3 - 7 所示。

3.3.2 BP 神经网络的隐含层结构设计

为了完成神经网络的设计,还需要确定神经网络的隐含层结构。隐含层结构

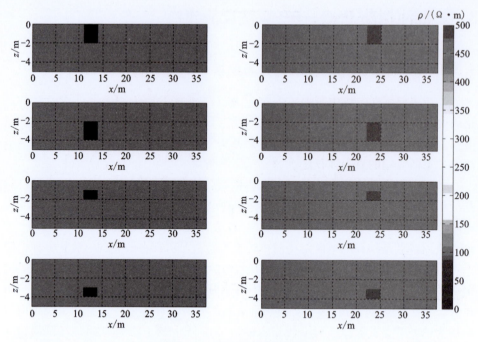

图 3-7 用于训练的样本模型

包括隐含层数目和隐含层节点数目,由于已经采用 PSO 算法对 BP 神经网络进行了初始化,单隐层的神经网络也能获得较好的反演效果,因此 BP 神经网络隐含层结构设计的主要目标是通过凑试法确定隐含层的神经元个数。隐含层的神经元个数对 BP 神经网络的性能有较大的影响。若隐含层神经元个数较少,则神经网络无法充分描述输入和输出变量之间的关系;若隐含层神经元个数较多,则将导致神经网络的学习时间过长,产生过拟合等问题。为了确定 BP 神经网络中隐含层神经元的个数,本节针对不同神经元个数对模型性能的影响进行了仿真。其评价的指标为决定系数 R^2:

$$R^2 = \frac{\left(n\sum_{i=1}^{n}Y_i y_i - \sum_{i=1}^{n}Y_i \sum_{i=1}^{n}y_i\right)^2}{\left(n\sum_{i=1}^{n}y_i^2 - \left(\sum_{i=1}^{n}y_i\right)^2\right)\left(n\sum_{i=1}^{n}Y_i^2 - \left(\sum_{i=1}^{n}Y_i\right)^2\right)} \tag{3-21}$$

式中,y_i 为第 i 个训练数据的预测值,Y_i 为第 i 个训练数据的理想值,n 为训练数据的数量。由于此时的 BP 神经网络还未经 PSO 算法优化,初始阈值和权值是随机选取的,每次选取的阈值和权值都将引起 R^2 的波动,所以这里选取的评价指标为对程序运行 10 次后对应 R^2 的平均值,其计算的结果如图 3-8 所示。

第 3 章 基于混沌振荡 PSO – BP 算法的电阻率成像反演

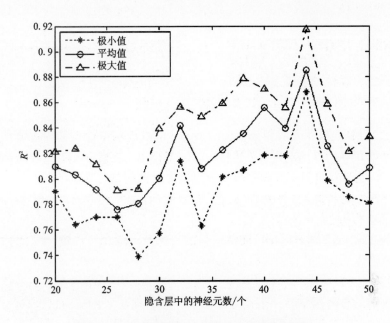

图 3 – 8 隐含层神经元个数对决定系数的影响

表 3 – 2 进一步给出了神经网络训练中不同隐节点数目对决定系数的影响。

表 3 – 2 不同神经元个数对 R^2 的影响比较

隐节点数目	20	22	24	26	28	30	32	34
R^2 最小值	0.7906	0.7642	0.7700	0.7698	0.7389	0.7569	0.8141	0.7632
R^2 平均值	0.8097	0.8035	0.7915	0.7756	0.7805	0.8003	0.8418	0.8081
R^2 最大值	0.8216	0.8239	0.8115	0.7912	0.7921	0.8396	0.8566	0.8488
隐节点数目	36	38	40	42	44	46	48	50
R^2 最小值	0.8016	0.8068	0.8185	0.8182	0.8685	0.7985	0.7856	0.7809
R^2 平均值	0.8226	0.8353	0.8558	0.8395	0.8852	0.8253	0.7958	0.8089
R^2 最大值	0.8592	0.8788	0.8708	0.8558	0.9172	0.8591	0.8214	0.8333

由图 3 – 8 可知当隐含层神经元为 44 时决定系数 R^2 的平均值达到最大值，同时由表 3 – 2 可以看出单隐层 BP 神经网络在进行电阻率成像二维反演时，随机阈值和权值的选取使得 BP 神经网络的输出结果不够稳定，需要进一步进行优化。

综上所述，建立电阻率成像二维反演的 BP 神经网络模型，该模型为单隐层

BP神经网络模型，输入节点为45，隐含层节点为44，输出节点为15，其他参数的设置参考文献[65]，具体如下：传递函数为'logsig'（对数S型传递函数），训练函数为'trainrp'（弹性BP算法），学习函数为'learngdm'（梯度下降动量学习函数）。

3.3.3　混沌振荡 PSO – BP 算法的实现步骤

虽然 BP 神经网络具有精确寻优的能力，但由于网络模型初始权值和阈值是随机产生的，因此对网络的收敛性和学习效率都有一定的影响，且容易陷入局部极小值，特别是在电阻率成像中输入节点较多时该问题尤为突出。

为了减小这种影响，采用前文所述的混沌振荡 PSO 算法优化 BP 算法，其具体的实现步骤如下：

（1）初始化 BP 神经网络，设定网络的输入层、隐含层和输出层的神经元个数、传递函数、学习函数和训练函数。

（2）根据 BP 神经网络的结构确定粒子的维数，使得粒子群中每个粒子的维度分量都对应神经网络的一个权值或阈值。然后在粒子的位置区间 $[X_{\min}, X_{\max}]$ 和速度区间 $[V_{\min}, V_{\max}]$ 内随机初始化粒子群，并设置惯性权重 w 的初始值，加速因子 c_1、c_2、种群规模和迭代次数。

（3）计算每个粒子的适应度：对每个输入粒子调用步骤(1)中设定的 BP 神经网络计算出网络的输出值，并根据训练样本的期望输出计算出当前粒子的适应度，直至计算出每个粒子的适应度。粒子 i 适应度的计算公式为：

$$f_i = \frac{1}{n} \sum_{i=1}^{n} \sum_{j=1}^{n} (Y_{ij} - y_{ij})^2 \qquad (3-22)$$

式中，n 为训练集的样本个数，m 为神经网络输出神经元的个数，Y_{ij} 为第 i 个样本的第 j 个理想输出值，y_{ij} 为第 i 个样本的第 j 个实际输出值。

（4）根据适应度更新粒子的个体极值和全局极值：将每个粒子 i 的适应度 f_i 分别与个体极值 p_{id} 和全局极值 p_{gd} 进行比较，如果 f_i 较小，则更新相应的个体极值 p_{id} 和全局极值 p_{gd}，并记录当前最好粒子的位置。

（5）根据进化方程更新粒子的速度和位置：根据本文提出的混沌粒子群优化算法，使用新的进化方程更新粒子的速度和位置，并按照粒子的位置区间 $[X_{\min}, X_{\max}]$ 和速度区间 $[V_{\min}, V_{\max}]$ 规范超出限定范围的粒子，然后跳至步骤(3)开始新一轮的迭代寻优。

（6）当达到迭代次数或目标精度时，PSO 算法中止，所得到的全局最优解 p_{gd} 为 BP 神经网络的权值和阈值。使用该值对 BP 神经网络的测试样本进行求解，得到网络的预测输出。

混沌振荡 PSO – BP 算法的流程图如图 3 – 9 所示。

第3章 基于混沌振荡PSO-BP算法的电阻率成像反演

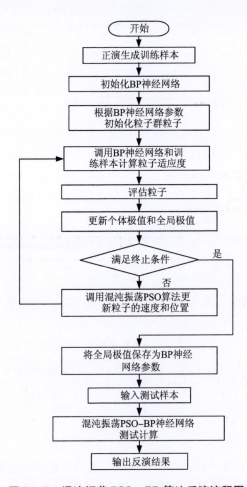

图3-9 混沌振荡PSO-BP算法反演流程图

3.4 数值仿真与模型反演

3.4.1 混沌振荡PSO-BP算法的性能验证

由于惯性权重w的值对PSO算法的性能有较大的影响,通过电阻率成像所提供的训练数据,对公式(3-6)、(3-7)、(3-8)、(3-19)所提出的不同w采用PSO-BP算法进行了训练。其主要参数如下:$c_1 = c_2 = 1.19445$,种群规模为30,进化代数为300。训练的结果如图3-10所示。

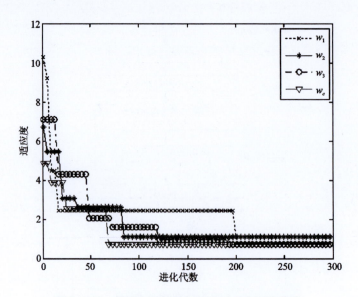

图 3-10　使用不同惯性权重的适应度下降曲线

表 3-3　不同惯性权重的性能比较

参数类型	收敛代数	最小适应度	平均适应度	收敛时间/min
w_1	204	0.7600	2.1284	14.02
w_2	88	1.1040	1.7586	5.88
w_3	196	0.7085	1.7446	13.54
w_c	72	0.7085	1.2573	4.63

表 3-3 进一步给出了不同惯性权重在训练时的适应度和收敛时间。其中收敛时间的计算环境如下：CPU 为 Core(TM) i5-2450，内存为 2GB，操作系统为 windows XP SP4。

由图 3-10 和表 3-3 可知，w_2 和 w_c 均能较快的收敛，但是 w_2 陷入了局部极值，w_3 和 w_c 均能够达到较小的适应度，但是 w_c 的收敛速度更快，计算时间更少。这是由于 w_c 的混沌振荡特性使得混沌振荡 PSO-BP 算法在早期能够跳出局部极值，在晚期能够更快的收敛于全局极值，因此验证了该算法的性能。

3.4.2　理论模型反演结果评估

为了验证反演算法的可行性，在两个不同的异常体模型下，使用混沌振荡 PSO-BP 算法和最小二乘法（RES2DINV 软件的反演结果）进行了反演对比：

用于验证的模型 3-1 为两个相邻地电体,两个地电体直接的距离为 8 个电极距。模型 3-1 的基本参数如下:采用温拿-斯伦贝格装置,每排含 37 个电极,15 层电阻率数据,电极距为 1.0 m,围岩电阻率为 100 Ω·m,低阻异常体大小为 2 m×3 m,电阻率为 10 Ω·m;高阻异常体大小为 2 m×3 m,电阻率为 500 Ω·m,其顶部埋深均为 2 m。用该模型的正演视电阻率作为混沌振荡 PSO-BP 网络的输入,对网络进行反演测试,网络输出的反演结果如图 3-11 所示:

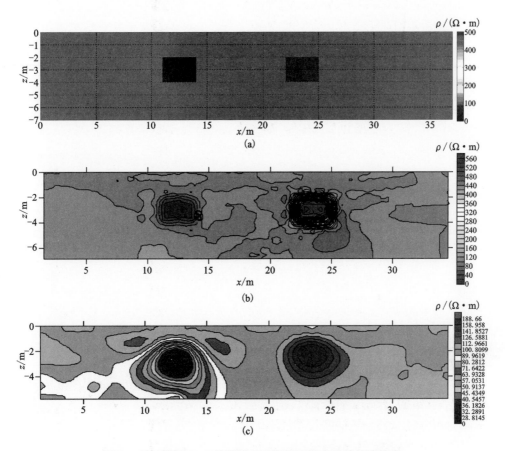

图 3-11 模型 3-1 的模型示意图及两种方法的反演结果
(a)模型示意图;(b)混沌振荡 PSO-BP 反演结果;(c)RES2DINV 软件反演结果

从反演的结果可以看出,最小二乘法和混沌振荡 PSO-BP 反演算法均能够较为准确的反映高低阻异常体的位置、形态和电阻值,但混沌振荡 PSO-BP 反演算法的结果更加精确,细节方面也更加清晰,其结果优于最小二乘法的反演结果。

用于验证的模型 3-2 为两个垂直地电体,用来检验反演的垂直分辨率。模型 3-2 的基本参数如下:采用温拿-斯伦贝格装置,每排含 37 个电极,15 层电阻率数据,电极距为 1.0 m,围岩电阻率为 100 Ω·m,低阻异常体大小为 1 m∗4 m,电阻率为 10 Ω·m,其顶部埋深为 0.5 m;高阻异常体大小为 1.5 m∗4 m,电阻率为 500 Ω·m,其顶部埋深均为 3.5 m。用该模型的正演视电阻率作为混沌振荡 PSO-BP 网络的输入,对网络进行反演测试,网络输出的反演结果如图 3-12 所示:

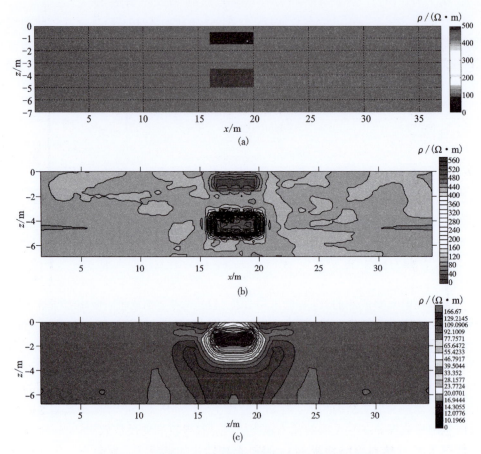

图 3-12 模型 3-2 的模型示意图及两种方法的反演结果
(a)模型示意图;(b)混沌振荡 PSO-BP 反演结果;(c)RES2DINV 软件反演结果

从反演结果来看,最小二乘法虽然也能够反映出垂直异常差异,但是无法分辨两个高低阻异常体的形态;混沌振荡 PSO-BP 反演算法的高低阻异常体的位置准确、形态与间隔清晰、电阻值与实际模型更加接近,其结果优于最小二乘法的反演结果。

表 3-4 给出了混沌振荡 PSO-BP 算法、标准 PSO-BP 算法和 BP 算法的性能对比,其衡量的指标为均方误差 MSE 和决定系数 R^2。从表 3-4 的数据可以看出(1)混沌振荡 PSO-BP 算法较标准 PSO-BP 算法和 BP 算法具有更低的均方误差值,这是由于 PSO 算法优化了 BP 神经网络的权值和阈值,提高了算法的全局寻优性能,同时 PSO 算法采用基于混沌振荡曲线的惯性权重自适应调整,类似于模拟退火的退火过程,能够在早期更快的跳出局部极值,并加快收敛;(2)混沌振荡 PSO-BP 算法较标准 PSO-BP 算法和 BP 算法具有更优的决定系数值,表明其反演的结果与理论数据更加接近,误差波动小,具有较好的泛化性能和较高的稳定性;(3)算法在模型 3-2 的反演中性能优于模型 3-1 的反演,这是由于本文神经网络的训练集和测试集是纵向分组的,因此垂直方向上的反演准确度更高。

表 3-4 三种反演方法的结果比较

反演方法	模型 3-1		模型 3-2	
	MSE	R^2	MSE	R^2
混沌振荡 PSO-BP	0.0862	0.9122	0.0775	0.9230
标准 PSO-BP	0.1024	0.8960	0.0953	0.9082
BP	0.1632	0.8643	0.1427	0.8802

3.5 本章小结

本章在电阻率成像的 BP 神经网络非线性反演的基础之上,使用粒子群优化算法来训练和优化神经网络的连接权值和阈值,改善 BP 神经网络的全局收敛性。针对惯性权重 w 对 PSO 性能的影响,提出了一种基于混沌振荡的惯性权重时变模型,用以加快算法的收敛速度,避免算法陷入局部最优。给出了混沌振荡 PSO-BP 算法的实现步骤和流程,数值实验和理论模型的计算结果表明:(1)合理的设计和规划神经网络的结构和训练样本,能够使得训练出来的神经网络基本准确的反映电阻率成像非线性反演的输入输出特性,取得较好的反演效果;(2)合理的惯性权重 w 的选择能够使得 PSO-BP 算法较快的逼近全局最优解,优于标准 PSO-BP 和 BP 算法;(3)基于混沌振荡的 PSO-BP 算法避免了对初始模型的依赖和计算偏导数矩阵的问题,具有较强的适应性。

本章的工作为解决 BP 神经网络非线性反演中存在的各种问题提供了一种新的解决思路,即利用仿生智能算法的全局搜索能力来补偿 BP 算法基于梯度下降搜索的不足,提高反演的质量,为进一步的研究仿生智能算法和神经网络的联合反演奠定了基础。

第4章 基于混沌约束 DE – BP 算法的电阻率成像反演

仿生智能算法与 BP 神经网络的结合,为复杂地电条件下的电阻率成像非线性反演提供了一种新的解决方法。BP 神经网络是一种高度非线性的建模工具,但是在 BP 算法中神经网络的参数依赖于一阶导数的信息来进行修正,如果求解空间存在多个局部极小值,随机初始的网络参数很容易使得神经网络的训练陷入局部最优。仿生智能算法具有良好的全局搜索特性,通过二者结合,能够有效的提高 BP 神经网络反演收敛于全局最优解的能力。微分进化算法是一种用来求解全局优化问题的新型仿生智能算法,自 2000 年以来引起了越来越多的学者的广泛关注,Vestertrom 等[138](2004)在其论文中对微分进化算法和粒子群优化算法的性能进行了系统的比较和研究。通过求解 34 个典型的 Benchmark 问题,Vestertrom 发现微分进化算法的收敛速度和稳定性要优于粒子群优化算法。

下面将研究微分进化算法与 BP 神经网络结合进行电阻率成像非线性联合反演的方法和步骤,结合电阻率成像的特征,着重探讨反演算法的优化方法。

4.1 微分进化算法的基本原理

微分进化算法是由美国学者 Storn 和 Price[139]于 1995 年提出的一种模拟"优胜劣汰,适者生存"的群体演化仿生智能算法。微分进化算法采用了遗传算法的基本框架,同时借鉴了 Nelder – Mead 单纯形法设计了独特的差分变异因子。与其他进化算法类似,微分进化算法具有记忆个体最优解和种群内部信息共享的特点,可通过种群内部个体间的合作与竞争来实现对优化问题的求解;但是与其他进化算法不同的是,微分进化算法保留了基于种群的全局搜索策略,基于差分的简单变异操作和一对一的竞争生存策略,降低了进化操作的复杂性,其本质是一种基于实数编码的具有保优思想的进化算法。

微分进化算法的实现简单,具有较强的全局收敛能力和鲁棒性,是一种高效的并行优化算法。作为进化计算的一个重要分支,微分进化算法可以实现非线性不可微连续空间函数的寻优,在信号处理、数据分析、机器人控制、神经网络优化等领域得到了广泛的应用。

生物进化的基本要素和微分进化算法的对应关系如表 4 – 1 所示。

表 4-1 生物进化与微分进化算法关系对照表

生物进化	微分进化算法
群体	搜索空间的一组有效解(表现为种群规模 NP)
个体	问题的有效解
适应能力	解的适应度
变异	微分变异算子
交配	交叉算子
选择	贪婪选择算子
进化完成	算法结束,得到全局最优解

微分进化算法的数学模型描述如下:设种群规模为 NP,可行解空间的维数为 D,则每个种群包含 NP 个个体 $\boldsymbol{x}_{i,G}$, $i=1,2,\cdots,NP$,其中每个个体 $\boldsymbol{x}_{i,G}$ 是一个受限于解空间上下界 $[x_{\min,j}, x_{\max,j}]$, $j=1,2,\cdots,D$ 的 D 维矢量,G 表示第 G 代。微分进化算法的初始种群随机产生,并均匀的分布于解空间中。

微分进化算法的基本操作包括变异、交叉和选择三个算子,首先算法随机选择两个不同的个体向量相减产生差分向量,然后将差分向量赋予权值后与另一随机选择的向量相加,从而产生变异个体;变异个体与目标个体进行参数混合交叉,达到交叉个体;最后对交叉个体和源目标个体进行一对一的选择,择优生成新一代的种群[134]。微分进化算法的构成要素如下:

(1)差分变异算子

差分变异算子是微分进化算法与遗传算法的最主要区别。在微分进化算法中,变异个体的生成过程是父代种群中多个个体的线性组合,最基本的变异成分是父代个体的差分向量。习惯上采用 $DE/x/y/z$ 的形式来标记不同的微分进化算法,x 表示基向量的类型,其中 rand 表示在种群中随机选择个体,best 表示选择当前最优个体,current 表示选择当前个体;y 表示变异操作中采用的差分向量的个数;z 表示交叉操作的类型,其中 bin 表示二项式交叉分布,exp 表示指数分布。以二项式交叉分布为例,常见的 7 种差分变异算子如下:

$DE/\text{rand}/1/\text{bin}$: $\boldsymbol{v}_{i,G+1} = \boldsymbol{x}_{r1,G} + F \cdot (\boldsymbol{x}_{r2,G} - \boldsymbol{x}_{r3,G})$ (4-1)

$DE/\text{best}/1/\text{bin}$: $\boldsymbol{v}_{i,G+1} = \boldsymbol{x}_{best,G} + F \cdot (\boldsymbol{x}_{r1,G} - \boldsymbol{x}_{r2,G})$ (4-2)

$DE/\text{rand}/2/\text{bin}$: $\boldsymbol{v}_{i,G+1} = \boldsymbol{x}_{r1,G} + \lambda \cdot (\boldsymbol{x}_{r2,G} - \boldsymbol{x}_{r3,G}) + F \cdot (\boldsymbol{x}_{r4,G} - \boldsymbol{x}_{r5,G})$

(4-3)

$DE/\text{best}/2/\text{bin}$: $\boldsymbol{v}_{i,G+1} = \boldsymbol{x}_{best,G} + \lambda \cdot (\boldsymbol{x}_{r1,G} - \boldsymbol{x}_{r2,G}) + F \cdot (\boldsymbol{x}_{r3,G} - \boldsymbol{x}_{r4,G})$ (4-4)

$DE/\text{rand-to-best}/2/\text{bin}$: $\boldsymbol{v}_{i,G+1} = \boldsymbol{x}_{r1,G} + \lambda \cdot (\boldsymbol{x}_{best,G} - \boldsymbol{x}_{r2,G}) + F \cdot (\boldsymbol{x}_{r3,G} - $

$$x_{r4,G} \tag{4-5}$$

$$DE/\text{current}-\text{to}-\text{rand}/2/\text{bin}: v_{i,G+1} = x_{i,G} + \lambda \cdot (x_{r1,G} - x_{i,G}) + F \cdot (x_{r2,G} - x_{r3,G}) \tag{4-6}$$

$$DE/\text{current}-\text{to}-\text{best}/2/\text{bin}: v_{i,G+1} = x_{i,G} + \lambda \cdot (x_{\text{best},G} - x_{i,G}) + F \cdot (x_{r2,G} - x_{r3,G}) \tag{4-7}$$

式中，$\{x_{r1,G}, x_{r2,G}, x_{r3,G}, x_{r4,G}\}$ 为在父代种群中随机选择的不同个体；$x_{i,G}$ 为父代种群中的当前个体；$x_{\text{best},G}$ 为父代种群中的最优个体；λ，F 为收缩因子，是差分向量的加权值，一般介于[0,2]之间，用来控制差分向量的影响。

(2) 交叉算子

为了保持种群个体的多样性，微分进化算法使用交叉算子来实现变异向量 $v_{i,G+1}$ 和目标向量 $x_{i,G}$ 各维分量的随机重组。新的交叉向量 $u_{i,G+1}$ 通过下式进行计算：

$$u_{ji,G+1} = \begin{cases} v_{ji,G+1}, & if(\text{rand}b(j) \leq CR) \quad \text{or} \quad j = rnbr(i) \\ x_{ji,G}, & if(\text{rand}b(j) > CR) \quad \text{and} \quad j \neq rnbr(i) \end{cases} \tag{4-8}$$

式中，$\text{rand}b$ 是[0,1]间的随机数；CR 是交叉因子，范围在[0,1]间，表示交叉的概率；$rnbr$ 表示[1,D]间的随机整数，它保证了 $u_{i,G+1}$ 至少从 $v_{i,G+1}$ 中获取一个元素，以保证有新的个体生成，从而有效提高种群的多样性。

(3) 贪婪选择算子

经过变异、交叉后的新的向量个体 $u_{i,G+1}$ 的适应度将与目标向量 $x_{i,G}$ 的适应度进行比较，仅当 $u_{i,G+1}$ 的适应度优于目标向量 $x_{i,G}$ 的适应度时，$u_{i,G+1}$ 才会被种群接受，成为下一代的父代，否则，$x_{i,G}$ 将保留成为下一代的父代，并在下一次的迭代计算中继续作为目标向量执行变异和交叉操作。这一选择过程称为"贪婪选择"。以最小化目标函数 $f(x)$ 为例，选择操作通过下式实现：

$$x_{i,G+1} = \begin{cases} u_{i,G+1}, & if f(u_{i,G+1}) \leq f(x_{i,G}) \\ x_{i,G}, & \text{otherwise} \end{cases} \tag{4-9}$$

式中，$f(u_{i,G+1})$ 为新的向量个体 $u_{i,G+1}$ 的适应度，$f(x_{i,G})$ 为目标向量 $x_{i,G}$ 的适应度。

综上，微分进化算法的实现步骤可描述如下：

(1) 初始化算法参数：包括种群大小 NP、最大迭代次数、收缩因子 F、交叉因子 CR 等；

(2) 在问题的搜索空间中随机产生初始种群 $x_{i,0}$，$i = 1, 2, \cdots, NP$，并计算初始种群的个体适应度；

(3) 依次对种群中的每个个体执行如下操作，以产生新的种群：

1) 根据公式(4-1)至公式(4-7)执行差分变异算子；

2) 根据公式(4-8)执行交叉算子；

3)根据公式(4-9)执行贪婪选择算子;

(4)评估种群,判断是否满足结束条件(适应度达到设定阈值或最大学习代数),如果为否则返回步骤(3),进入下一次迭代,否则输出最优解。其对应的算法流程图如图4-1所示。

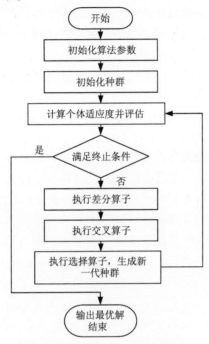

图4-1 微分进化算法流程图

4.2 基于混沌约束的 DE 算法

微分进化算法的搜索性能由算法的控制参数决定,相较于其他的仿生智能算法,微分进化算法的控制参数较少,主要包括种群规模 NP,收缩因子 F 和交叉因子 CR。

(1)种群规模 NP

种群规模即群体中所含个体的数量。一般而言,种群规模越大,种群多样性则越高,微分进化算法的搜索能力也越强,获得最优解的概率也就越大,但是同时也带来了较长的计算时间。因此种群的大小一般按照解空间维数 D 的 3-10 倍取值。

(2)收缩因子 F

在微分进化计算中,个体的改变值取决于其他个体间的差值,充分利用了种群中其他个体的信息,达到了扩充种群多样性的同时,也避免了单纯在个体内部进行变异操作所带来的随机性和盲目性。收缩因子决定了差分向量对个体的影响,若其值较小,则群体的差异度过早下降,将会引起算法的早熟;若其值较大,虽然可以增加算法跳出局部最小的能力,但是由于群体的差异度不易下降,算法的收敛速度会明显降低。收缩因子的经验取值范围是 0.5 至 0.9 之间[134]。

(3)交叉因子 CR

微分进化中交叉操作的主体是父代个体和由它经过差分变异操作后得到的新个体。交叉因子的取值越大意味着发生交叉的可能性越大,从而加快算法的收敛,但同时也意味着对复杂问题的演化能力下降。一般情况下,交叉因子的经验取值范围是 0.3 到 0.9 之间[134]。

以上三个控制参数对微分进化的求解结果和求解效率都有很大的影响,在传统的微分进化算法中,以上参数在整个进化过程中一般是固定不变的,其值往往根据经验设定。但是针对不同的优化问题,其参数的设置各不相同,往往需要根据求解问题的实际情况和多次实验才能够确定合适的参数取值。为了解决这个问题,很多学者提出了一些时变参数或自适应参数的改进策略,其中混沌微分进化算法由于不需要设置固定参数,通过混沌动力学系统的演化而自适应的更新微分进化算法的控制参数,实现简单,因此成为了一类较为有影响力的微分进化算法的发展分支[140-143]。

最常见的混沌微分进化算法采用 Logistic 映射来获取微分进化算法的收缩因子 F 和交叉因子 CR。Logistic 映射的混沌动力学属性已在上一章做过详细的讨论,在此仅讨论其统计学特性。混沌映射可由确定性的非线性差分方程来描述,不包含任何随机因素,其轨迹却有可能是完全随机的,而且在状态空间上具有遍历性。对于混沌映射 $f(x)$,其混沌运动轨道的点集 $\{x_n\}$ 的概率密度分布函数 $\rho(x)$ 定义为[144]:

$$\rho(x) = \lim_{n \to \infty} \frac{1}{N} \sum_{n=1}^{N} \delta(x - x_n) \qquad (4-10)$$

式中,
$$\delta(x - x_n) = \begin{cases} 1, & |x - x_n| \leq \frac{\Delta x}{2} \\ 0, & |x - x_n| > \frac{\Delta x}{2} \end{cases} \qquad (4-11)$$

由上式可求得当 $\mu = 4$,混沌长度 $N \to \infty$ 时,Logistic 映射的概率密度分布 $\rho(x)$ 为[145]:

$$\rho(x) = \begin{cases} \dfrac{1}{\pi \sqrt{x(1-x)}}, & x \in (0,1) \\ 0, & \text{otherwise} \end{cases} \qquad (4-12)$$

上式表明 Logistic 映射的概率密度分布为切比雪夫型分布，图 4-3(a) 给出了 $\mu=4$，混沌序列长度为 10000 时，Logistic 混沌映射的序列取值概率密度分布情况，由图的实验结果表明：Logistic 混沌映射生成序列在 (0,1) 之间具有对称分布的特点，但是生成序列在 [0,0.05] 和 [0.95,1] 之间的取值次数明显高于在 [0.05,0.95] 间的取值次数。当进行混沌差分算法的寻优时，绝大多数的混沌寻优都是在概率密度空间的两端进行的，如果全局最优点不在概率密度空间的两端，则算法的搜索效率将大大降低。

Tent 映射又称为帐篷映射，是一种分段线性的一维映射，具有均匀的概率密度分布和理想的相关特性。Tent 映射的实现由式 4-13 给出：

$$x_{n+1} = \begin{cases} ax_n, & 0 \leq x_n \leq 0.5 \\ \alpha(1-x_n), & 0.5 < x_n \leq 1 \end{cases} \quad (4-13)$$

式中，混沌序列值的分布范围 $x_n \in [0,1]$，α 为控制参数。

为比较 Logistic 映射和 Tent 映射的混沌动力学特性，两者的分岔图如图 4-2 所示：

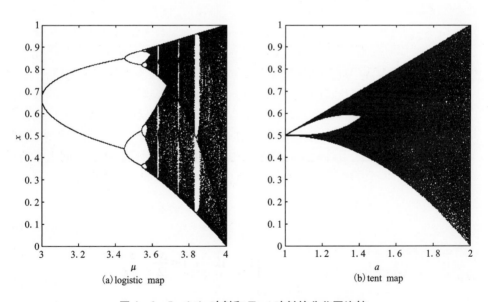

图 4-2 Logistic 映射和 Tent 映射的分岔图比较

由图 4-2 可知，Logistic 映射和 Tent 映射具有类似的由倍周期分岔通向混沌的动力学演化过程，当 Logistic 映射中的 $\mu=4$ 时和 Tent 映射中的 $\alpha=2$ 时，两者均达到了满映射状态，具有良好的混沌特性；另外在数学上可以证明，两者具有拓扑共轭的性质，在一定条件下可以相互转化。

由式 4-13 可求得当 $\alpha = 2$，混沌长度 $N \to \infty$ 时，Tent 映射的概率密度分布 $\rho(x)$ 为[145]：

$$\rho(x) = \begin{cases} 1, & x \in (0,1) \\ 0, & \text{otherwise} \end{cases} \quad (4-14)$$

上式表明 Tent 映射的概率密度分布服从均匀分布。图 4-3(b) 给出了 $\alpha = 2$，混沌序列长度为 10000 时，Tent 映射的序列取值概率密度分布情况。由图 4-3 的实验结果表明：Tent 映射的概率密度分布均匀，序列均值约为 0.5。

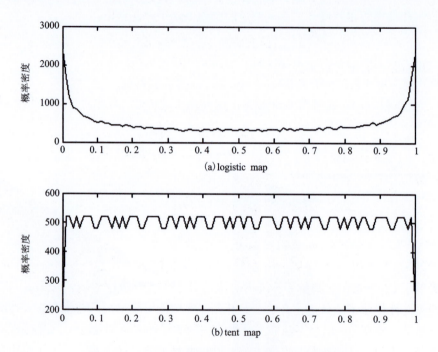

图 4-3 Logistic 映射和 Tent 映射的概率密度比较

在统计学指标中，除了概率密度分布，序列的相关性也对序列的性能有直接的影响。对于离散混沌序列，对应的自相关函数和互相关函数分别为：

$$R_x(k) = \lim_{N \to \infty} \frac{1}{N} \sum_{m=1}^{N-k} x(m) \cdot x(m+k) \quad (4-15)$$

$$R_{xy}(k) = \lim_{N \to \infty} \frac{1}{N} \sum_{m=1}^{N-k} x(m) \cdot y(m+k) \quad (4-16)$$

式中，$x(m)$，$y(m)$ 为长度为 N 的两个离散混沌序列，k 为相关间隔。通过上式计算 Logistic 映射和 Tent 映射量化后的自相关曲线和互相关曲线如图 4-4 所示。由图可知 Logistic 映射和 Tent 映射的自相关峰值非常尖锐，其自相关函数类似于

δ函数，具有较强的自相关性，由图可知Logistic映射和Tent映射的互相关值均非常小，互相关性弱。

综上，Tent映射与Logistic映射具有类似的混沌动力学属性，同时从统计学的角度来看，Tent映射与Logistic映射的相关性接近，但是Tent映射序列的概率密度分布更加均匀合理。在进行微分进化算法的参数优化时，均匀分布的概率密度降低了全局最优解对初始值的依赖性，能够有效的提高算法的搜索效率。

因此笔者结合Tent映射和微分进化算法，提出了一种基于Tent混沌序列的混沌约束微分进化算法实现方法。在该方法中，交叉因子CR通过以下公式产生：

$$CR_{n+1} = \begin{cases} 2CR_n, & 0 \leq CR_n \leq 0.5 \\ 2(1-CR_n), & 0.5 < CR_n \leq 1 \end{cases} \quad (4-17)$$

收缩因子F通过以下公式产生：

$$f_{n+1} = \begin{cases} 2f_n, & 0 \leq f_n \leq 0.5 \\ 2(1-f_n), & 0.5 < f_n \leq 1 \end{cases} \quad (4-18)$$

$$F_{n+1} = F_{crit} + (1-F_{crit})f_n \quad (4-19)$$

式中，F_{crit}为F的约束因子，其约束了收缩因子F的最小值，从而保证了算法的全局收敛能力。F_{crit}的定义如下[160]：

$$F_{crit} = \sqrt{\frac{2-CR_n}{2NP}} \quad (4-20)$$

同时式4-8中的$randb$也用Tent映射序列产生。

采用混沌约束的微分进化算法使用Tent混沌序列自动的产生收缩因子F和交叉因子CR参数值，避免了传统微分进化算法中关于算法参数的设置；同时混沌的振荡性促使了微分进化算法在计算的过程中能够跳出局部极值，极大的避免了算法的早熟现象；但是混沌的振荡性也使得算法在寻优的过程中（尤其是后期）无法稳定收敛，因此加入了约束因子来限制收缩因子F的最小值，从而保证算法的收敛性。

4.3 混沌约束DE-BP算法反演建模

4.3.1 BP神经网络的样本划分与建模

本章主要针对二维电阻率成像技术进行混沌约束DE-BP非线性反演的理论研究，其获取样本的正演模型参数设置如下：采用温拿-斯伦贝格装置，测量电极为51个，极距为1 m，一条测线上共采集20层580个数据点。正演方法采用第二章所介绍的有限体积法。

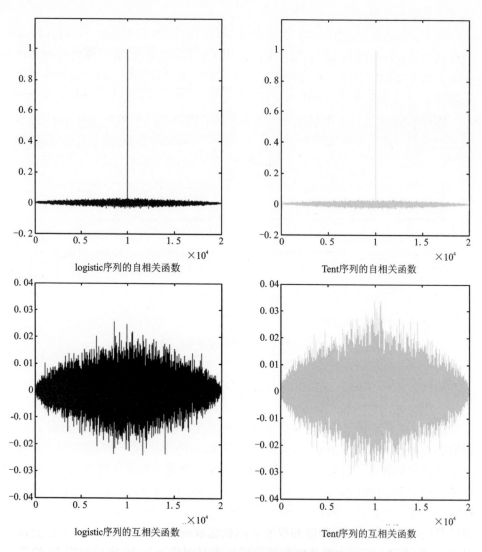

图 4-4 Logistic 映射和 Tent 映射的相关性比较

本章综合考虑视电阻率和真电阻率的非线性映射关系以及神经网络的设计规模，采用与第三章类似的神经网络建模方式，经过数值测试确定 BP 神经网络输入节点数为 60 个，输出节点为 20，每一次测量可获得多组数据集，同时大大简化了 BP 神经网络的结构。神经网络的训练数据通过改变不同异常体的位置和形态来获得，共获取 36 次测量数据，共 20880 个数据点。为测试神经网络的泛化性能，同时提供 4 次测试数据，共 2320 个数据点，测试数据均未参加网络训练。其中部分用于训练的样本模型如图 4-5 所示：

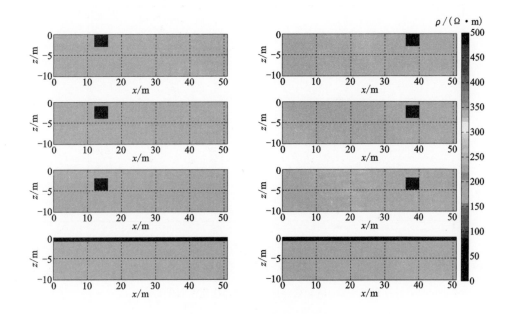

图 4-5　用于训练的样本模型

4.3.2　BP 神经网络的隐含层结构设计

由于已经采用 DE 算法对 BP 神经网络进行了初始化和训练，单隐层的神经网络也能获得较好的反演效果，因此在基于混沌约束的 DE-BP 算法中，BP 神经网络隐含层结构设计的主要目标是也是通过凑试法确定隐含层的神经元个数。为了确定 BP 神经网络中隐含层神经元的个数，本章针对不同神经元个数对模型性能的影响进行了仿真。其评价的指标为决定系数 R^2。由于此时的 BP 神经网络还未经 DE 算法优化，初始阈值和权值是随机选取的，每次选取的阈值和权值都将引起 R^2 的波动，所以这里选取的评价指标为对程序运行 10 次后对应 R^2 的平均值，其计算的结果如图 4-6 所示。

表 4-2 进一步给出了神经网络训练中不同隐节点数目对决定系数的影响。由图 4-6 和表 4-2 可知当隐含层神经元为 52 时决定系数 R^2 的平均值达到最大值，同时由表 4-2 可以看出单隐层 BP 神经网络在进行电阻率成像反演时，随机阈值和权值的选取使得 BP 神经网络的输出结果不够稳定，需要进一步进行优化。

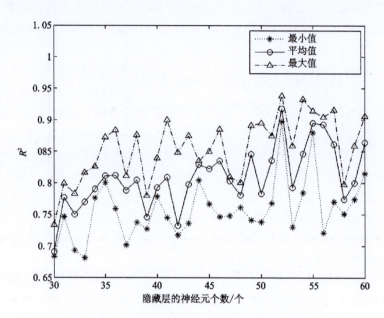

图4-6 隐含层神经元个数对决定系数的影响

表4-2 不同神经元个数对 R^2 的影响比较

隐节点数目	31	32	33	34	35	36	37	38	39	40
R^2最小值	0.7464	0.6929	0.6810	0.7762	0.8005	0.7585	0.7009	0.7370	0.7266	0.7785
R^2平均值	0.7764	0.7501	0.7693	0.7903	0.8113	0.8115	0.7879	0.8047	0.7453	0.7925
R^2最大值	0.7990	0.7827	0.8165	0.8260	0.8725	0.8840	0.8110	0.8765	0.7799	0.8395
隐节点数目	41	42	43	44	45	46	47	48	49	50
R^2最小值	0.7449	0.7166	0.7359	0.8041	0.7665	0.7457	0.7479	0.7610	0.7405	0.7381
R^2平均值	0.8092	0.7317	0.7976	0.8289	0.8221	0.8347	0.8025	0.7808	0.8454	0.7830
R^2最大值	0.9002	0.8488	0.8743	0.8353	0.8500	0.8854	0.8096	0.8007	0.8913	0.8951
隐节点数目	51	52	53	54	55	56	57	58	59	60
R^2最小值	0.7674	0.8972	0.7300	0.7844	0.8798	0.7203	0.7700	0.7508	0.7737	0.8146
R^2平均值	0.8355	0.9182	0.7922	0.8466	0.8948	0.8926	0.8609	0.7736	0.7996	0.8641
R^2最大值	0.8749	0.9381	0.8590	0.9329	0.9146	0.9043	0.9155	0.7980	0.8588	0.9061

综上所述,建立电阻率成像二维反演的 BP 神经网络模型,该模型为单隐层 BP 神经网络模型,输入节点为 60,隐含层节点为 52,输出节点为 20,其他参数

的设置参考文献[14],具体如下:传递函数为'logsig'(对数 S 型传递函数),训练函数为'trainrp'(弹性 BP 算法),学习函数为'learngdm'(梯度下降动量学习函数)。

4.3.3 混沌约束 DE-BP 算法的实现步骤

BP 神经网络在电阻率成像反演中体现出较强的非线性映射能力,但是其网络模型的初始权值和阈值是随机产生的,随机的网络参数容易引起神经网络的输出不稳定;同时 BP 神经网络基于梯度的学习方式,使得网络寻优的过程容易陷入局部极小。以上问题在神经网络结构复杂的电阻率成像非线性反演中更加突出,为了减小以上问题在 BP 神经网络反演中所造成的不利影响,采用前文所述的混沌约束微分进化算法训练 BP 神经网络,其具体的实现步骤如下:

(1)初始化 BP 神经网络,设定网络的输入层、隐含层和输出层的神经元个数,传递函数、学习函数和训练函数。

(2)根据 BP 神经网络的结构确定微分进化算法中个体的维数,使得种群中每个个体的维度分量都对应 BP 神经网络的一个权值或阈值。然后初始化 DE 的种群,并设置收缩因子 F 和交叉因子 CR 的初始迭代值、种群规模 NP 和迭代次数。

(3)计算每个粒子的适应度:对每个个体调用步骤(1)中设定的 BP 神经网络计算出网络的输出值,并根据训练样本的期望输出计算出当前个体的适应度,直至计算出每个个体的适应度。个体 i 适应度的计算公式为:

$$f_i = \frac{1}{m}\frac{1}{n}\sum_{i=1}^{n}\sum_{j=1}^{m}(Y_{ij} - y_{ij})^2 \quad (4-21)$$

式中,n 为训练集的样本个数,m 为神经网络输出神经元的个数,Y_{ij} 为第 i 个样本的第 j 个理想输出值,y_{ij} 为第 i 个样本的第 j 个实际输出值。

(4)根据适应度评估种群:根据种群适应度更新全局最优值,如果该种群中的最优适应度优于全局最优值,则对全局最优值进行替代。

(5)当全局最优值达到目标精度或算法达到迭代次数时,DE 算法终止,所得到的全局最优解保存为训练后 BP 神经网络的权值和阈值,并执行步骤(7);否则,执行步骤(6)。

(6)对当前种群执行混沌约束微分进化操作:使用混沌约束后的差分变异算子、交叉算子和贪婪选择算子产生新一代的种群,并执行步骤(3);

(7)测试 BP 神经网络:使用训练好的 BP 神经网络对测试样本进行反演,输出反演结果并进行评估。混沌约束 DE-BP 算法的流程图如图 4-7 所示。

4.4 数值仿真与模型反演

4.4.1 混沌约束 DE-BP 算法的性能验证

为了验证混沌约束 DE-BP 算法的反演性能,在给定电阻率成像训练样本的基础上,对基于 RPROP 算法的 BP 神经网络、基于传统 DE 算法的 BP 神经网络、基于 Logistic 映射优化的 DE-BP 神经网络[140]、基于 Tent 映射优化的 DE-BP 神经网络[141]和本章的基于混沌约束 DE-BP 神经网络进行了反演性能仿真,所有 DE 算法的种群规模 NP 设置为 30,迭代次数设置为 1000。仿真的结果如图 4-8 所示。

表 4-3 进一步给出了上述五种算法的收敛代数、平均适应度、最小适应度和收敛时间。其中收敛时间的计算环境如下:CPU 为 Core(TM)i5-2450,内存为 2Gb,操作系统为 windows XP SP4。

表 4-3 不同反演算法的性能比较

反演算法	收敛代数	最小适应度	平均适应度	收敛时间/min
BP(RPROP)	190	1.4989	1.5495	0.84
Original DE-BP	345	0.5981	0.7412	5.72
Logistic Map DE-BP	440	0.2878	0.4651	6.83
Tent Map DE-BP	503	0.2382	0.5060	8.05
Proposed DE-BP	397	0.2103	0.2838	6.34

从表 4-3 和图 4-8 可以看出,所有的算法最后都能够收敛至某一最优解,证明了以上五种算法均能够用来进行电阻率成像神经网络的反演。但是混沌约束的 DE-BP 算法能够较快的收敛到最小的适应度值,这是因为 Tent 映射协助 DE 算法克服了早熟现象,同时约束因子 Fcrit 提高了算法的收敛速度;基于 Logistic 映射优化的 DE-BP 神经网络和基于 Tent 映射优化的 DE-BP 神经网络也能够收敛至较低的适应度值,这是因为混沌序列的振荡性有利于 DE-BP 神经网络跳出局部最小,获得更好的全局解,但是由于没有约束因子,其收敛的时间较长;基于传统 DE 算法的 BP 神经网络($F=0.6$,$CR=0.5$)具有较快的收敛速度,这是因为固定的收缩因子 F 和交叉因子 CR 能够使算法保持较强的收敛性,但是它陷入了局部极值;最后,基于 RPROP 算法的 BP 神经网络由于没有 DE 优化的过程,所以其收敛速度最快,但是其训练结果最差。综上,基于混沌约束的 DE-BP 算

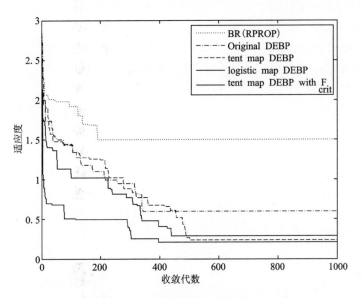

图 4-8 不同反演算法的收敛曲线

法获得了最优的训练结果,但是由于混沌参数的影响,其收敛速度慢于基于 RPROP 算法的 BP 神经网络和基于传统 DE 算法的 BP 神经网络。总的来说,基于混沌约束的 DE-BP 算法能够有效的应用于电阻率成像的神经网络反演。

4.4.2 理论模型反演结果评估

为了验证反演算法的可行性,在两个不同的异常体模型下,使用混沌约束 DE-BP 算法和最小二乘法(RES2DINV 软件的反演结果)进行了反演对比:

用于验证的模型 4-1 为两个相邻地电体,两个地电体直接的距离为 8 个电极距。模型 4-1 的基本参数如下:采用温拿-斯伦贝格装置,每排含 51 个电极, 20 层电阻率数据,电极距为 1.0 m,围岩电阻率为 200 Ω·m,低阻异常体大小为 3 m×4 m,电阻率为 50 Ω·m;高阻异常体大小为 3 m×4 m,电阻率为 500 Ω·m, 其顶部埋深均为 2 m。用该模型的正演视电阻率作为混沌约束 DE-BP 网络的输入,对网络进行反演测试,网络输出的反演结果如图 4-9 所示:

从反演的结果可以看出,最小二乘法和混沌约束 DE-BP 反演算法均能够较为准确的反映高低阻异常体的位置、形态和电阻值,但混沌振荡 PSO-BP 反演算法的结果更加精确,细节方面也更加清晰,其结果优于最小二乘法的反演结果。

用于验证的模型 4-2 为一个更加复杂的地电结构,用来检验反演的垂直分辨率。模型 4-2 的基本参数如下:采用温拿-斯伦贝格装置,每排含 51 个电极,

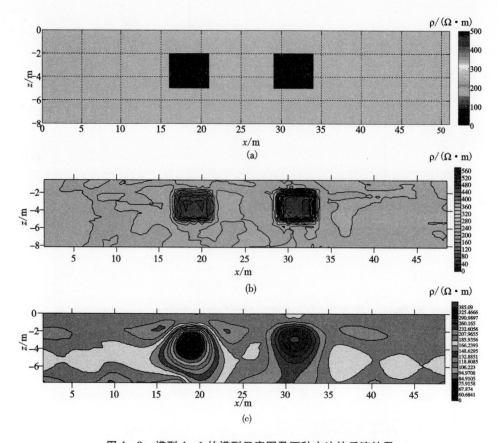

图 4-9 模型 4-1 的模型示意图及两种方法的反演结果
(a)模型示意图；(b)混沌振荡 PSO-BP 反演结果；(c)RES2DINV 软件反演结果

20 层电阻率数据，电极距为 1.0 m，围岩电阻率为 200 Ω·m，低阻覆盖层的电阻率为 50 Ω·m；高阻异常体大小为 3 m×4 m，电阻率为 500 Ω·m，其顶部埋深为 3.0 m。用该模型的正演视电阻率作为混沌约束 DE-BP 网络的输入，对网络进行反演测试，网络输出的反演结果如图 4-10 所示：

从反演结果来看，最小二乘法虽然也能够反映出垂直异常差异，但是无法清楚分辨低阻覆盖层和高阻异常体的间隔和边沿；基于混沌约束 DE-BP 反演算法的低阻覆盖层和高阻异常体的位置准确、形态与间隔清晰、电阻值与实际模型更加接近，但是其图件边缘存在明显的误差，这是由于温拿-斯伦贝格装置采集视电阻率时，采集数据呈倒三角分布，因此在神经网络训练时，对边缘信息训练不足造成的。

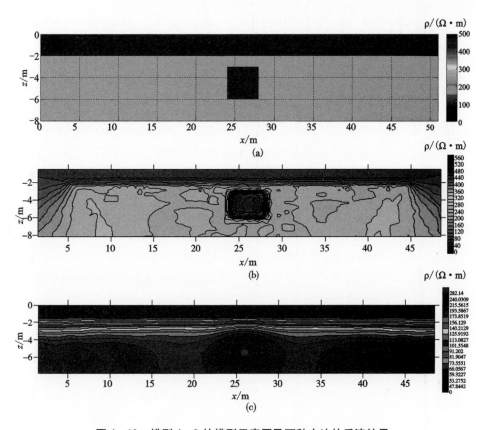

图 4-10 模型 4-2 的模型示意图及两种方法的反演结果
(a)模型示意图;(b)混沌振荡 PSO-BP 反演结果;(c)RES2DINV 软件反演结果

4.5 本章小结

本章研究了微分进化算法和 BP 神经网络结合进行电阻率成像非线性反演的方法。针对微分进化算法中,收缩因子 F 和交叉因子 CR 设置的局限性,提出了一种基于混沌约束的 DE-BP 算法;然后,比较了 Logistic 映射和 Tent 映射在混沌动力学上的特性和统计学上的特性,证明了 Tent 映射具有与 Logistic 映射类似的混沌特性和相关特性,但同时较 Logistic 映射具有更加均匀的概率分布密度,更加适合于仿生智能算法的全局寻优;接着,将 Tent 混沌序列应用于微分进化算法中收缩因子 F 和交叉因子 CR 的自动设置,充分利用混沌的非线性特性来提高微分进化算法的全局搜索能力,同时考虑到混沌振荡性对算法收敛的影响,加入了收敛因子 F_{crit} 来提高算法的收敛性;最后给出了混沌约束 DE-BP 算法的实现步骤和流程，数值实验和理论模型的计算结果表明：

（1）基于混沌约束的 DE‑BP 算法较基于 RPROP 算法的 BP 神经网络和基于传统 DE 算法的 BP 神经网络具有更好的反演效果，其训练能够收敛于更优的适应度；同时相较于其他的混沌 DE‑BP 算法而言，基于混沌约束的 DE‑BP 反演算法能够更快的收敛，具有较快的反演速度；

（2）模型反演的结果表明，基于混沌约束的 DE‑BP 反演算法能够获得更优的图件质量，但是对于层状模型的反演将会在边缘出现误差。该误差的产生是由于本章神经网络的建模是对采集的视电阻率做纵向分组，而图件边缘部分视电阻率数据不足造成的，今后应该对建模方式加以改进，例如采用基于横向分组的神经网络建模来反演层状模型。

本章进一步研究了仿生智能算法与 BP 神经网络结合进行电阻率成像反演的理论和方法。但是 BP 神经网络学习算法内在的缺陷决定了任何对 BP 神经网络参数的优化都只能够改善 BP 神经网络的学习性能，而不能解决 BP 神经网络的局部极值问题。构造型神经网络能够从根本上解决神经网络学习中的局部极值问题，下一章将研究构造型径向基神经网络在电阻率成像反演中的应用。

第 5 章　基于信息准则的 RBF 神经网络电阻率成像反演

　　基于梯度下降类算法的学习型 BP 神经网络是目前进行电阻率成像非线性反演的典型方法之一，在电阻率成像反演的建模理论和工程应用等领域均已产生了许多优秀的成果[64-67]。BP 神经网络在进行一维电阻率反演时，能够在训练充分的前提下，获得准确的解释结果，但是当反演方法推广至二维和三维时，地电模型变得相对复杂，BP 神经网络的固有缺陷也不断显现。

　　大量的理论研究和实践应用表明，基于梯度下降类算法的学习型 BP 神经网络存在着许多缺陷，例如：对初始权值敏感；收敛缓慢；易陷入局部极小；隐含层设计的随意性；存在过拟合和过训练的问题等。对于以上问题，目前电阻率成像反演中解决的思路有以下两种：一种是采用全局搜索算法和 BP 神经网络结合，来解决 BP 神经网络对初始权值敏感、收敛缓慢和易陷入局部极小等问题，例如本文第三章和第四章所做的工作；另一种是通过正则化的方式来解决过拟合和过训练的问题，以提高神经网络的泛化能力[68]。但是，不管哪种方法都只能够改善 BP 神经网络的学习性能，并不能从根本上解决 BP 神经网络的固有缺陷。

　　RBF 神经网络与 BP 神经网络相比，具有最佳逼近的特性，有效的改善了 BP 神经网络的局部极小问题；同时构造型的 RBF 神经网络能够通过样本直接构造网络权值参数，从一定程度上解决了神经网络的隐含层设计问题，在处理地球物理资料时体现出了独特的优势[146-147]，本章主要研究 RBF 神经网络在电阻率成像非线性反演中的基础理论和建模方法，并通过引入统计学中的信息准则来自适应的确定 RBF 神经网络的隐含层结构，保证网络的泛化性能。

5.1　RBF 神经网络结构

　　1987 年，Powell[148]提出了径向基函数(Radial Basis Function，RBF)方法，并用来解决高维空间多变量插值问题；1988 年，Broomhead 和 Lowe[149]最早将 RBF 应用于神经网络的设计，并提出了一种基于三层神经网络结构的 RBF 神经网络；之后研究者们针对 RBF 神经网络研究中存在的问题和不足提出了很多改进的方法，RBF 神经网络的研究日趋成熟。

　　RBF 神经网络(Radial Basis Function Neural Network，RBFNN)是一种新颖的

前馈式神经网络,它具有最佳逼近和全局最优的性能,广泛的应用于函数逼近和分类问题。RBF 神经网络的结构与 BP 神经网络类似,一般分为三层:输入层,由信号源节点构成;隐含层,实现输入输出的非线性映射;输出层,对输入信号做出响应。RBF 神经网络的拓扑结构如图 5-1 所示。

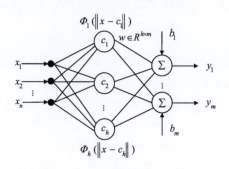

图 5-1 三层 RBF 网络结构

图 5-1 中 RBF 神经网络的结构为 $n-h-m$,其中 $\boldsymbol{x}=(x_1, x_2, \cdots, x_n)^T$ 为网络的输入矢量,$\boldsymbol{w} \in \boldsymbol{R}^{h \times m}$ 为输出权矩阵,$\boldsymbol{b}=(b_1, b_2, \cdots, b_m)^T$ 为输出单元偏移,$\boldsymbol{y}=(y_1, y_2, \cdots, y_m)^T$ 为网络输出,$\phi_i(\cdot)$ 为第 i 个隐节点的激活函数,Σ 表示输出层神经元采用线性激活函数。

由以上拓扑结构可知,RBF 神经网络的映射关系由两部分组成,分别是从输入空间到隐含层空间的非线性变换和从隐含层空间到输出层空间的线性变换。在第一层映射中,则第 i 个隐节点的输出为:

$$H_i = \phi_i(\|x - c_i\|) \quad i = 1, 2, 3, \cdots, h \tag{5-1}$$

式中,$c_i = [c_{i1}, c_{i2}, \cdots, c_{in}]$ 为神经网络第 i 个隐节点的径向基函数中心,$\|\cdot\|$ 为欧式距离,通常取 2 范数。$\phi_i(\cdot)$ 为隐单元的激活函数。RBF 神经网络最显著的特征是隐节点的基函数采用距离函数,并采用 RBF 函数作为激活函数。RBF 函数可取多种形式,具体如下:

(1) 高斯函数
$$\phi(x) = e^{-\frac{x^2}{\sigma^2}} \tag{5-2}$$

(2) 反射 Sigmoid 函数
$$\phi(x) = \frac{1}{1 + e^{\frac{x^2}{\sigma^2}}} \tag{5-3}$$

(3) 逆多二次函数
$$\phi(x) = \frac{1}{(x^2 + \sigma^2)^{\frac{1}{2}}} \tag{5-4}$$

式中,σ 为径向基函数宽度。当 $\sigma = 1$ 时 RBF 函数的曲线形状如图 5-2 所示。

由径向基函数的曲线可知:RBF 函数关于中心点具有径向对称性,RBF 神经网络的神经元输入距离该中心点越远,神经元的激活程度就越低;同时径向基函

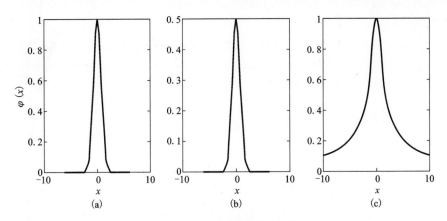

图 5 – 2 RBF 函数的曲线形态

(a)高斯函数；(b) 反射 Sigmoid 函数；(c) 逆多二次函数

数宽度值越小，RBF 基函数就越具有选择性。最常用的 RBF 函数是高斯函数，本文采用高斯函数作为 RBF 神经网络的激活函数，因此第 i 个隐节点的输出为：

$$H_i = \exp\left(-\frac{\|x - c_i\|^2}{\sigma_i^2}\right) \quad i = 1, 2, \cdots, h \qquad (5-5)$$

在第二层映射中，RBF 神经网络的第 j 个输出可以表示为：

$$y_i = b_j + \sum_{i=1}^{h} w_{ij} \phi_i(\|x - c_i\|) \quad j = 1, 2, 3, \cdots, m \qquad (5-6)$$

式中，w_{ij} 为第 i 个隐单元与第 j 个输出之间的连接权值，b_j 为第 j 个输出的偏移量。

5.2 RBF 神经网络学习算法

RBF 神经网络工作的基本思想是：用径向基作为隐单元的"基"构成隐藏层空间，隐含层对输入矢量进行非线性变换，将低维的模式输入数据变换到高维空间中，使得在低维空间内的线性不可分问题在高维空间内线性可分；最后隐含层空间到输出空间的变换是线性的，可以通过隐含层单元输出的线性加权和得到。

由以上过程可知，对于给定的训练样本，RBF 神经网络的学习算法主要应该解决以下问题：神经网络隐含层结构的设计；确定 RBF 的径向基中心和基带宽；修正网络的输出权值。近年来，随着 RBF 神经网络的广泛研究与应用，研究者们提出了大量的学习算法。总体而言，RBF 神经网络现有的学习算法分为离线学习和在线学习两类，其中离线学习方法主要适用于时不变模型，由于本文主要分析特定装置下的二维电阻率数据反演，因此使用离线学习方法来训练 RBF 神经网络。离线学习将 RBF 神经网络的训练过程在时间上分成几个独立的阶段：首先要收集训练样本，然后采用不同形式的聚类方法或其他方法从样本中确定 RBF 神经网络的隐含层结构并获取对网络性能有密切影响的各隐含层单元"中心"和"基带宽"，最后是校正神经网络输出层权值。离线学习算法中最常见的是聚类算法、梯度算法和正交最小二乘算法。

5.2.1 聚类算法

聚类算法[150]在 RBF 神经网络学习中的应用最早由 Moody 和 Darken 在 1989 年提出。其基本的思路是利用无监督学习——k-means 算法对输入样本进行聚类，从而确定 RBF 神经网络中 h 个隐节点的径向基函数中心，并根据各数据中心之间的距离确定隐节点的基带宽；最后用有监督学习—最小二乘法校正神经网络的输出权值。

假设 k 为迭代次数，第 k 次迭代时的聚类中心为 $c_1(k), c_2(k), \cdots, c_h(k)$，相应的聚类域为 $\theta_1(k), \theta_2(k), \cdots, \theta_h(k)$，无监督学习部分(k-means 聚类)的步骤如下：

(1) 聚类初始化。选择 h 个不同的初始聚类中心，并令 $k=1$。选择初始聚类中心的方法很多，常见有从输入样本随机选取或从前 h 个输入样本选取，但是选取的初始数据中心必须互不相同；

(2) 计算 N 个输入样本与聚类中心的距离，其中输入样本 X_j 与聚类中心的距离为 $\|X_j - c_i(k)\|$，$i=1,2,\cdots,h, j=1,2,\cdots,N$；

(3) 对输入样本 X_j 按照最小距离原则进行分类。即当 $i(X_j) = \min_i \|X_j - c_i(k)\|$，$i=1,2,\cdots,h$ 时，X_j 被归为第 i 类，即 $X_j \in \theta_i(k)$；

(4) 根据下式重新计算各类的新聚类中心：

$$c_i(k+1) = \frac{1}{N_i} \sum_{X \in \theta_i(k)} X, \quad i=1,2,\cdots,h \quad (5-7)$$

式中，N_i 为第 i 个聚类域 $\theta_i(k)$ 中所包含的样本数。

(5) 如果 $c_i(k+1) \neq c_i(k)$，转到步骤(2)，否则聚类结束，转至步骤(6)。

(6) 根据各聚类中心之间的距离确定各隐节点的基带宽。第 i 个隐节点的基带宽取

$$\sigma_i = \kappa \cdot d_i \quad (5-8)$$

式中，$d_i = \min_j \|c_j - c_i(k)\|$，为第 i 个数据中心与其他最近数据中心之间的距离，κ 为重叠系数。

确定了隐节点的径向基中心和基带宽后，神经网络的输出权矩阵可通过求解线性方程组获得。设神经网络的训练样本集为 $\{(X_j, y_j) | X_j \in R^n, y_j \in R^m\}$，$j=1, 2, \cdots, N$，有监督学习部分(最小二乘法求解输出权矩阵)的具体步骤如下：

(1) 求解隐节点输出。当输入样本为 X_j 时，第 i 个隐节点的输出为：
$$h_{ji} = \phi_i(\|X_j - c_i\|) \tag{5-9}$$
隐含层的输出矩阵为 $H = [h_{ji}]$，$i = 1, 2, \cdots, h$，$j = 1, 2, \cdots, N$，$H \in R^{N \times h}$。

(2) 求解输出权矩阵。令 RBF 神经网络的输出权值为 $w = [w_1, w_2, \cdots, w_h]^T$，在已知的教师信号 $y = [y_1, y_2, \cdots, y_N]^T$ 的前提下，网络的输出可等效于以下线性方程组：
$$y = H \cdot w \tag{5-10}$$
该方程通常可用最小二乘法求得：
$$w = \hat{H} \cdot y \tag{5-11}$$
式中，$\hat{H}$ 为 H 矩阵的伪逆。

聚类算法具有简单、快速的特点，但结果易受初始参数选择的影响，并收敛于局部极小。

5.2.2 梯度算法

RBF 神经网络的梯度学习算法[57]与 BP 神经网络中 BP 算法训练多层感知器的过程类似，通过基于梯度下降的方法来最小化目标函数实现对 RBF 神经网络中径向基中心、基带宽和输出权矩阵的调节。在 RBF 神经网络的梯度学习算法中目标函数的定义和神经网络参数更新的方法是实现 RBF 神经网络不断学习输入样本的关键。其中目标函数一般采用误差信号的均方差（Mean Square Error，MSE）来定义：
$$E = \frac{1}{N}\sum_{j=1}^{N} e_j^2 \tag{5-12}$$
式中，e_j 为误差信号，定义为：
$$e_j = y_j - \sum_{i=1}^{h} w_{ij}\phi_i(\|X_j - c_i\|), \quad j = 1, 2, \cdots, m \tag{5-13}$$
RBF 神经网络的径向基中心 c_i，基带宽 σ_i 和权值 w_i 的调节公式为：
$$\Delta c_i = \frac{2w_i}{\sigma_i^2}\sum_{j=1}^{N} e_j \phi_i(\|X_j - c_i\|)\|X_j - c_i\| \tag{5-14}$$
$$\Delta \sigma_i = \frac{2w_i}{\sigma_i^3}\sum_{j=1}^{N} e_j \phi_i(\|X_j - c_i\|)\|X_j - c_i\|^2 \tag{5-15}$$
$$\Delta w_i = \sum_{j=1}^{N} e_j \phi_i(\|X_j - c_i\|) \tag{5-16}$$
式中，$\phi_i(\|X_j - c_i\|)$ 为第 i 个隐节点对 X_j 的输出，$\|X_j - c_i\|$ 为 X_j 与第 i 个隐节点中心 c_i 的欧式距离。

梯度算法在 BP 神经网络中已有广泛的应用，算法成熟可靠，但同时也具备了 BP 算法的固有缺陷，同时 RBF 神经网络的单隐层结构也不利于梯度算法在复杂的非线性映射中的扩展应用。

5.2.3 正交最小二乘法

聚类算法和梯度算法均需要事先确定隐含层的节点数目，Chen 等提出的正交最小二乘(Orthogonal Least Squares, OLS)学习算法[151-152]将 RBF 神经网络的中心选择归结为线性回归中回归子的选择问题，根据设定的阈值来确定回归子数（隐含层节点数），进而求解出网络权值。该算法能够有效的限制 RBF 神经网络的规模并避免随机选择中心带来的数值病态问题，其基本算法的求解过程如下：

将 RBF 神经网络看作以下线性回归模型：

$$d(t) = \sum_{i=1}^{M} p_i(t)\theta_i + \varepsilon(t) \tag{5-17}$$

式中，$d(t)$ 为期望输出，$p_i(t)$ 为回归算子，对应隐含层神经元输出，θ_i 为权值参数，$\varepsilon(t)$ 为网络输出和实际输出之间的误差。

将式 5-17 写成矩阵形式：

$$d = P\theta + E \tag{5-18}$$

式中，各矩阵的构成为：

$d = [d(1) \cdots d(N)]^T$,
$P = [p_1 \cdots p_M]$, $p_i = [p_i(1) \cdots p_i(N)]^T$,
$\theta = [\theta_1 \cdots \theta_M]^T$,
$E = [\varepsilon(1) \cdots \varepsilon(N)]^T$

$\hat{\theta}$ 为式 5-18 的最小二乘解，满足 $P\hat{\theta}$ 是 d 在基向量张成空间上的投影。将回归矩阵 P 分解为：

$$P = WA \tag{5-19}$$

式中，A 为 $M \times M$ 的三角矩阵，W 为 $N \times M$ 正交矩阵，w_i 为其列向量，W 满足

$$W^T W = H \tag{5-20}$$

H 是对角元素为 h_i 的对角矩阵，h_i 为

$$h_i = w_i^T w_i = \sum_{t=1}^{N} w_i(t) w_i(t), 1 \leq i \leq M \tag{5-21}$$

令 $A\theta = g$，则式 5-18 可改写为：

$$d = Wg + E \tag{5-22}$$

其最小二乘解 $\hat{g} = H^{-1} W^T d$，其中 $\hat{\theta}$ 和 $\hat{g}$ 满足：

$$A\hat{\theta} = \hat{g} \tag{5-23}$$

使用经典的 Gram-Schmidt 正交分解法即可求解式 5-23 进而求解权矩阵 $\hat{\theta}$，其计算 A 的一列和正交化 P 的过程如下：

第5章 基于信息准则的 RBF 神经网络电阻率成像反演

$$\left.\begin{array}{l} \boldsymbol{w}_1 = \boldsymbol{p}_1 \\ a_{ik} = \boldsymbol{w}_i^{\mathrm{T}} \boldsymbol{p}_k / (\boldsymbol{w}_i^{\mathrm{T}} \boldsymbol{w}_i), 1 \leqslant i \leqslant k \\ \boldsymbol{w}_k = \boldsymbol{p}_k - \sum_{i=1}^{k-1} a_{ik} \boldsymbol{w}_i \end{array}\right\} \qquad (5-24)$$

定义误差下降率：

$$[err]_i = g_i^2 \boldsymbol{w}_i^{\mathrm{T}} \boldsymbol{w}_i / (\boldsymbol{d}^{\mathrm{T}} \boldsymbol{d}), \ 1 \leqslant i \leqslant M \qquad (5-25)$$

则根据给定的训练精度阈值 ρ，计算每个正交向量 w_i 的 $[err]_i$ 值，并从大到小排列，从队列的第一个开始选取 $[err]_i$，并对其进行求和直到满足：

$$1 - \sum_{j=1}^{M_s} [err]_j < \rho \qquad (5-26)$$

式中，M_s 为最终选择的回归子个数，也就是隐节点中心数目。

正交最小二乘算法可以自动的设计满足设定精度要求的网络结构，训练过程直观清楚地表明了各个隐含层节点对网络误差下降速率影响的大小，迭代次数少，网络规模相对较小。

5.3 基于汉南－奎因信息准则的 OLS 学习算法

5.3.1 RBF 神经网络的泛化能力

神经网络的泛化能力是指训练后的神经网络对未在训练集中出现的样本（但应具备同样的规律性）做出正确反应的能力[153]。也就是说神经网络的学习不是单纯的记忆已经学习过的输入样本，更应该通过训练样本学习到隐含在样本中的有关问题本身的内在规律性，从而对同一问题中未出现的输入也能给出正确的反应。

影响神经网络泛化能力的因素有很多，主要包括：训练样本的质量和数量、神经网络的结构、问题本身的复杂程度等。以上因素中，问题本身的复杂程度往往是不可控制的，因此神经网络的泛化能力主要取决于前两个因素，即当神经网络的规模确定时，如何选择训练样本或当训练样本已知时，如何确定网络的规模以保证其具有较好的泛化能力。

为了保证神经网络的泛化能力，要求神经网络在学习的过程中选择适当的训练样本集，选定的训练样本集应该包含能够反映求解问题内在规律的所有信息。理论上来说，当训练样本趋于无穷时，通过训练样本学习到的神经网络参数在概率上收敛于真正要求的神经网络参数。但实际上所获得的训练样本集总是有限的，因此在神经网络的学习过程中可能会出现"过拟合现象（Over Fitting）"。过拟合现象的反映是在神经网络的学习过程中，当神经网络对输入样本的拟合达到非常高的逼近精度时,对未学习样本的验证误差随着神经网络的训练次数呈现出先下降后上升的趋势。发生过拟合现象的原因是因为在神经网络的学习过程中,如果过分追求训练样本集内的误差最小,就会使训练后的神经网络因学习过多而拟合了训练样本中没有代表性的特征甚至是噪声,反而未能学到求解问题的真正内在规律,以至于遇到未学习过的输入,网络难以给出正确的反应,从而影响了神经网络的泛化能力。

在基于 OLS 学习算法的 RBF 神经网络中,隐含层的规模和训练效果由设定的误差阈值决定,其值过大时网络的规模较小但无法保证神经网络的训练精度,其值过小则可能产生上述的过拟合问题。传统算法中,误差阈值都由神经网络设计者的经验确定,缺乏普适的方法,寻找一种新的隐含层阈值设定方法势在必行。

5.3.2 信息准则

信息准则(Information Criterion, IC)是衡量统计模型拟合优良性的一种标准,近年来被广泛的应用于 RBF 模型性能的衡量和评价[154-156]。信息准则建立在信息熵的概念基础之上,鼓励数据拟合的精度但是尽量避免出现过拟合的情况,其目标是寻找能够较好地解释数据但是包含最少自由参数的模型。

信息准则处理统计问题的一般步骤如下:(1)提出统计模型;(2)由极大似然估计法进行参数估计;(3)根据信息准则的最小值来选择模型。常见的信息准则包括赤池信息准则(Akaike Information Criterion, AIC)[157]、贝叶斯信息准则(Bayesian Information Criterion, BIC)[158]和汉南-奎因信息准则(Hannan-Quinn Criterion, HQC)[159]。

赤池信息准则是由日本学者赤池弘次于 1974 年在研究信息论特别是在解决时间序列定阶问题时提出来的,它在统计分析特别是统计模型的选择中具有广泛的应用。赤池信息准则的定义为:

$$AIC = -2\ln(lik) + 2k \quad (5-27)$$

式中,k 为模型参数的数量,lik 为模型的最大似然估计。在高斯分布下,上式可改写为:

$$AIC = N \cdot \ln\left(\frac{RSS}{N}\right) + 2k \quad (5-28)$$

式中,N 为观测数量,RSS 为残差平方和。

赤池信息准则在大样本数据时通常难以收敛,为了弥补 AIC 的不足,Schwarz 于 1978 年提出了贝叶斯信息准则,其定义为:

$$BIC = -2\ln(lik) + k \cdot \ln(N) \quad (5-29)$$

式中,k 模型参数的数量,lik 为模型的最大似然估计,N 为观测数量。在高斯分布下，上式可改写为：

$$BIC = N \cdot \ln\left(\frac{RSS}{N}\right) + k \cdot \ln(N) \qquad (5-30)$$

式中，RSS 为残差平方和。

汉南-奎因信息准则是澳大利亚学者 Hannan 和 Quinn 于 1979 年所提出的另一种信息准则，其定义为：

$$HQC = -\ln(lik) + k \cdot \ln(\ln(N)) \qquad (5-31)$$

式中，k 模型参数的数量，lik 为模型的最大似然估计，N 为观测数量。在高斯分布下，上式可改写为：

$$HQC = N \cdot \ln\left(\frac{RSS}{N}\right) + k \cdot \ln(\ln(N)) \qquad (5-32)$$

式中，RSS 为残差平方和。

由式 5-27 至式 5-32 可以看出信息准则一般包含两项，其中第一项用来评价模型的拟合程度，第二项则是关于模型复杂度的惩罚项，用来防止过拟合问题。因此当需要从一组可供选择的模型中选择一个最佳模型时，信息准则最小值所代表的模型是最佳的。

5.3.3 HQOLS 算法的实现步骤

虽然 OLS 算法采用正交化的方法独立计算回归子对输出的贡献，对中心的选择简单有效，但是训练精度阈值 ρ 需人为设定，其值过大则无法保证训练精度，过小则可能产生过拟合问题，需要反复验证，降低了算法效率。信息准则可以在均衡拟合误差和模型复杂度的前提下选择最佳模型，能够有效的防止过拟合现象的发生并避免对于训练精度阈值的设定，因此本章采用信息准则结合 OLS 学习算法实现对 RBF 神经网络隐含层结构的设计。在信息准则中，防止过拟合的关键在于模型的惩罚项，不同的信息准则对模型复杂度的惩罚项是不一致的，比较上述三种信息准则，它们对模型复杂度的惩罚强度由弱到强为 $AIC < HQC < BIC$。因此在 RBF 神经网络模型评估中，对于已知训练样本，AIC 具有更好的训练精度，BIC 具有更精简的模型结构，而 HQC 的拟合精度和泛化能力则更加均衡，更符合 OLS 算法在电阻率成像反演中对模型评估的要求，所以本章采用 HQC 作为 OLS 算法的评估准则。

高斯模型下，用标准差取代残差平方和，式 5-32 可改写为：

$$HQC = N\ln(\hat{\sigma}^2) + k\ln(\ln(N)) \qquad (5-33)$$

式中，$\hat{\sigma}^2$ 为样本的标准差，k 为输入的维数，N 为观测样本数量。

由式 (5-33) 可以看到，在 HQC 中 $N\ln(\hat{\sigma}^2)$ 项用来评价模型的拟合程度，$k\ln(\ln(N))$ 项则是关于模型复杂度的惩罚项，用来防止过拟合问题。因此使用

HQC 评估 OLS 算法可以实现神经网络学习性能和模型复杂度之间的均衡,避免训练精度阈值的设定,本文将该算法称为 HQOLS 算法。使用 HQOLS 算法实现 RBF 神经网络反演的训练和测试过程如流程图 5-3 所示。

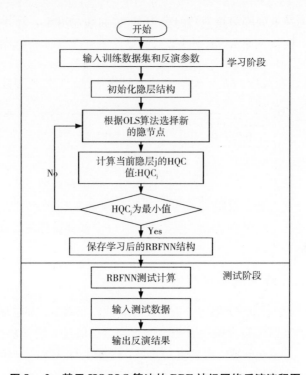

图 5-3 基于 HQOLS 算法的 RBF 神经网络反演流程图

其具体的实现步骤如下:

(1)使用有限体积法正演产生训练与测试数据集,初始化 RBF 神经网络(归一化数据,设定扩展常数和初始化隐含层结构等),使用训练数据集进行学习。

(2)根据 OLS 算法求解第 j 次选择回归子时的中心位置和权值,并计算当前网络的样本标准差:

$$\hat{\sigma}_j^2 = \frac{1}{N} \sum_{i=1}^{N} (y_i - Y_i)^2 \qquad (5-34)$$

式中,N 为训练集的样本个数,Y_i 为第 i 个样本的理想输出值,y_i 为第 i 个样本的实际输出值。

(3)计算 j 个隐节点时的 HQC 值,其中用隐节点的个数作为评价模型复杂度的参数,计算公式如下:

$$HQC(j) = N\ln(\hat{\sigma}_j^2) + j\ln(N)) \qquad (5-35)$$

(4)选择 HQC 最小值时的隐含层结构,并以此结构构造 RBF 神经网络。

(5)输入测试数据集,使用构造好的 RBF 神经网络进行反演,输出并评估反演结果。

本章中通过采用 HQOLS 学习算法的 RBF 神经网络对采集的视电阻率样本数据进行训练,记录不同隐节点数目时的 HQC 值曲线如图 5-4,从图中可得到隐节点数目为 132 时的网络为 HQOLS 算法选择的最优 RBF 神经网络,其 HQC 值为 $-1.7382e+004$,为 HQC 曲线的最小值。

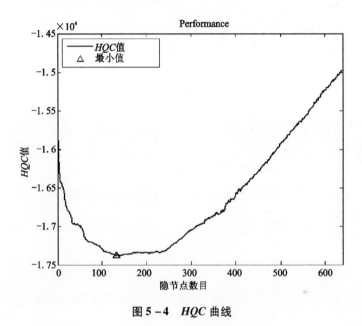

图 5-4 HQC 曲线

5.4 HQOLS-RBF 电阻率成像反演建模

本章主要针对二维电阻率成像技术进行 RBF 神经网络非线性反演的理论研究,其获取样本的正演模型参数设置如下:采用温拿-斯伦贝格装置,测量电极为 37 个,极距为 1 m,一条测线上共采集 15 层 300 个数据点。正演方法采用第二章所介绍的有限体积法。

目前 BP 神经网络中较为成熟的两种建模方式用于 RBF 神经网络电阻率成像非线性反演中均有不足,其中采用单个视电阻率的位置和数值作为输入,对应位置真电阻率数值作为输出的建模方法获取的输入样本过多,这将导致 RBF 神经网络的学习速度缓慢,网络结构臃肿,泛化能力差;采用全部视电阻率数值作为输入,对应位置真电阻率数值作为输出的建模方法由于输入输出节点数量过多,RBF 神经网络的单隐含层结构无法保证较快的收敛,达到有效的训练精度。本章综合考虑视电阻率和真电阻率的非线性映射关系以及神经网络的设计规模,采用与第三章类似的神经网络建模方式,经过数值测试确定 RBF 神经网络输入节点数为 45 个,输出节点为 15,每一次测量可获得多组数据集,既考虑了相邻视电阻率数据与真电阻率之间的相互影响,又控制了训练样本的输入输出节点规模,能够较好的配合 RBF 神经网络对二维电阻率成像资料进行反演。神经网络的训练数据通过改变不同异常体的位置和形态来获得,共获取 40 次测量数据,共 12000 个数据点。为测试神经网络的泛化性能,同时提供 10 次测试数据,共 3000 个数据点,测试数据均未参加网络训练。其中部分用于训练的样本模型如图 5-5 所示:

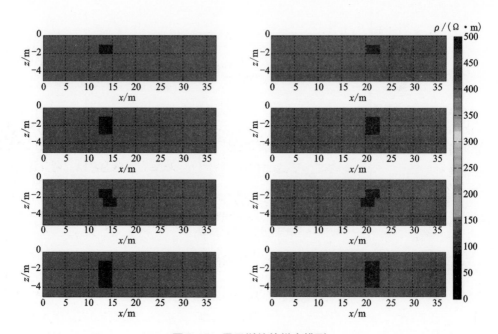

图 5-5　用于训练的样本模型

其中训练样本应尽可能涵盖反演中异常体的形态和大小,测试样本应与反演目标较为接近,图 5-6 为部分用于测试的样本模型。上述训练和测试的样本模型背景电阻率均为 100 Ω·m,异常体电阻率均为 500 Ω·m。

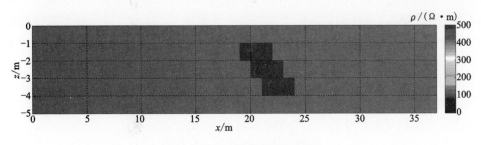

图 5-6 用于测试的样本模型

5.5 数值仿真与模型反演

5.5.1 HQOLS-RBF 算法的性能验证

分别使用聚类算法、梯度算法、正交最小二乘(OLS)算法和 HQOLS 算法对上述样本进行训练和测试,由于算法的实现方式不同,各算法所需设置的参数也有所不同,其中根据数据分组,四种算法的输入维数均为 45,输出维数均为 15;聚类方式和梯度方式隐节点经优选比较后设置为 200,OLS 算法的隐节点数目由目标误差自适应的决定;聚类算法的隐节点重叠系数设置为 1;梯度算法的学习系数、训练次数和目标误差分别设置为:0.025、1000、0.01;OLS 算法的隐节点扩展常数和目标误差分别设置为:0.6 和 0.01;HQOLS 算法不需要设置目标误差,扩展常数设置为 0.6。其具体的算法参数设置如表 5-1 所示:

表 5-1 不同学习算法的参数设置

学习算法	输入维数	输出维数	隐节点数	重叠系数	学习系数	最大训练次数	扩展常数
聚类算法	45	15	200	1	—	—	—
梯度算法	45	15	200	—	0.025	1000	—
OLS 算法	45	15	—	—	—	—	0.6
HQOLS 算法	45	15	—	—	—	—	0.6

'—'代表该参数无需设定。

图 5-7 为 RBF 神经网路通过四种学习算法的训练和测试,训练样本和测试样本的均方误差分布直方图。从图 5-7 中可以看出,在 40 个训练样本中 OLS

算法的训练误差最小,且样本误差分布更加均匀,出现较大误差的概率较小;聚类算法和 HQOLS 算法虽然出现较大误差的概率较大,但是总体来说也能够达到较低的均方误差,最大均方误差均低于 0.1。在 10 个测试样本中 HQOLS 算法和聚类算法均显示出较强的泛化能力,其测试误差的分布较为均匀,体现出网络输出的稳定性;OLS 算法也能够体现出较好的泛化能力,其最大均方误差均低于 0.2;梯度算法的训练和测试误差均比较大,其训练阶段的最大均方误差和测试阶段的最大均方误差分别在 1.4 和 2 左右。

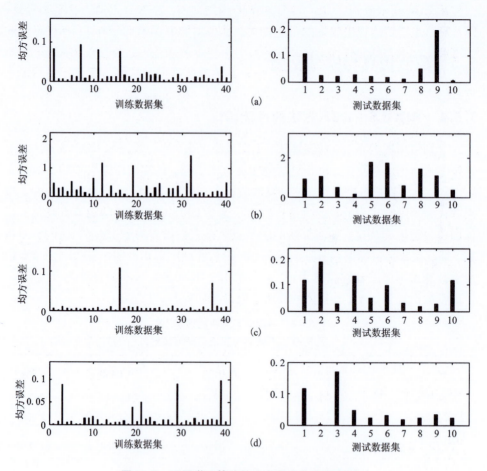

图 5-7　不同学习算法的均方误差分布直方图
(a)聚类算法(b)梯度算法(c)OLS 算法(d)HQOLS 算法

RBF 神经网络通过四种学习算法的训练和测试,其隐含层结构,均方误差(Mean Squared Error, MSE)的平均值和运行时间如表 5-2 所示。其中运行时间的计算环境如下：CPU 为 Core(TM) i5-2450，内存为 2Gb，操作系统为 windows XP SP4。从表 5-2 中可以看出，在训练和测试误差方面，在 40 个给定的训练样本中 OLS 算法的训练误差最小，达到了训练的目标误差 0.01，其主要的原因是 OLS 算法随着隐节点数目的增多，训练误差能够得到有效的抑制。事实上，进一步增加 OLS 算法的隐节点数目还将进一步减小训练误差，但此时网络可能会出现过拟合，泛化能力变差；聚类算法和 HQOLS 算法总体来说也能够达到较低的均方误差，其平均均方误差均低于 0.02。在 10 个测试样本中 HQOLS 算法和聚类算法均显示出较强的泛化能力，其测试误差相当，均为 0.048 左右，同时 HQOLS 算法使用 HQC 准则限制了 RBF 神经网络的网络规模，其隐节点的选择更加合理；OLS 算法也能够体现出较好的泛化能力，其平均均方误差低于 0.1；梯度算法的训练和测试误差均比较大，学习效果和泛化能力不佳，这是由于梯度算法采用类似于 BP 神经网络的参数学习机制，但是其单隐层的网络结构过于简单且输出采用线性方式，无法较好的拟合训练样本的原因。在隐含层结构和运行时间方面，聚类算法的效率最高，仅 3.76s 就完成了运算；OLS 算法运行至 316 隐节点时，需要 29.64s，但能够达到比聚类算法更低的训练均方误差；HQOLS 算法由于需要计算 HQC 的最小值，所以需要比 OLS 算法更多的运行时间，但是其泛化性能优于 OLS 算法，同时 HQOLS 算法所获得的 RBF 神经网络结构最为精简；对于设定的目标误差，梯度算法一直无法达到，所以执行到了最大训练次数，所需时间最多，但性能最差。由于聚类算法需要反复测试来获得最优隐节点数目，而 OLS 算法则需要设定合适的训练精度阈值，综合考虑 RBF 神经网络的构造时间、训练精度和泛化能力，本文采用 HQOLS 算法作为 RBF 神经网路的学习算法，构造电阻率成像的非线性反演模型。

表 5-2 不同学习算法的性能比较

学习算法	隐节点数	MSE(训练)	MSE(测试)	运行时间
聚类算法	200	0.0179	0.0480	3.76s
梯度算法	200	0.2934	0.9616	67.25s
OLS 算法	316	0.0099	0.0805	29.64s
HQOLS 算法	132	0.0156	0.0484	35.43s

5.5.2 理论模型反演结果评估

为了验证 RBF 神经网络建模方式的反演性能，将 RBF 神经网络与 BP 神经网络的反演结果进行比较，其训练和测试数据如上节所述，考虑到 BP 网络结构对其反演性能的影响，分别构造了单隐层（隐节点数为120）、双隐层（隐节点数为68-38）的BP神经网络，训练算法使用RPROP，训练次数为1000；RBF神经网络采用基于HQOLS的学习算法，训练至HQC所确定的最优隐节点数为止。在训练阶段三种结构的神经网络在训练中均能得到收敛，其中RBF神经网络的训练时间最短，也达到了最高的训练精度；双隐层BPNN也能够达到较好的训练效果，但训练时间较长；单隐层BPNN因为结构简单，训练时间较短，但是有较大的训练误差。三种结构神经网络测试和训练的决定系数、均方误差和训练时间的具体比较如表5-3所示，其中RBF神经网络的训练时间为35.43s，训练精度为0.0156，具有最优的训练精度和时间；双隐层BPNN的训练效果优于单隐层BPNN，但训练时间达到114.72s；单隐层BPNN具有最大的训练误差0.142。因此可以看出采用HQOLS学习算法的RBF神经网络较单隐层和双隐层的BPNN具有更低的训练和测试均方误差值，通过与表5-2中数据进行比较，采用聚类学习算法和OLS学习算法的RBF神经网络训练误差和测试误差也低于BP神经网络，且训练时间更短，验证了RBF神经网络在求解反演问题中的快速学习和避免局部极小值的能力；另一方面，采用HQOLS学习算法的RBF神经网络较采用RPROP算法的BP神经网络算法具有更优的决定系数值R^2，表明其反演的结果与理论数据更加接近，误差波动小，具有较好的泛化性能和较高的稳定性。

表5-3 不同神经网络的性能比较

网络类型	R^2(训练)	R^2(测试)	MSE(训练)	MSE(测试)	训练时间/s
HQOLS-RBFNN	0.9360	0.9154	0.0156	0.0484	35.43
单隐层BPNN	0.8845	0.8644	0.142	0.168	66.27
双隐藏BPNN	0.9176	0.9032	0.046	0.094	114.72

为了进一步验证反演算法的可行性，在两个不同的异常体模型下，使用采用HQOLS学习算法的RBF神经网络和最小二乘法（RES2DINV软件的反演结果）、BP神经网络进行了反演对比：

用于验证的模型5-1为一个不规则的高阻异常体。模型5-1的基本参数如下：采用温拿-斯伦贝格装置，每排含37个电极，15层电阻率数据，电极距为1m，围岩电阻率为100Ω·m，高阻异常体电阻率为500Ω·m，顶部埋深为1m。用该模型的正演视电阻率作为RBF神经网络的输入，对网络进行反演测试，网络输出的反演结果如图5-8所示。

从反演的结果可以看出，最小二乘法和HQOLS-RBFNN反演算法均能够较为准确的反映高阻异常体的位置和电阻率，但HQOLS-RBFNN反演算法的结果

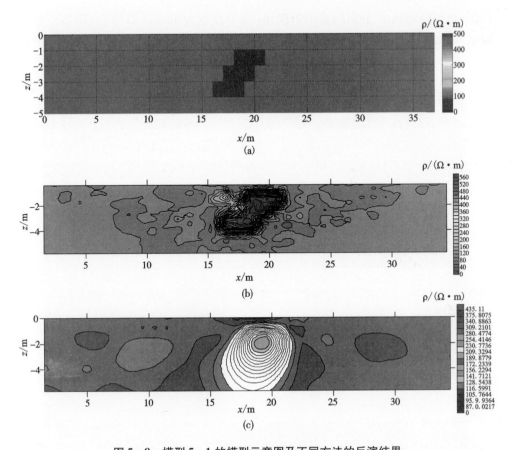

图 5-8 模型 5-1 的模型示意图及不同方法的反演结果
(a)模型 5-1 示意图;(b)HQOLS-RBFNN 反演结果;(c)RES2DINV 软件反演结果

更加精确,异常体的形状和轮廓更加清晰,其结果优于最小二乘法的反演结果。从计算时间上来看,HQOLS-RBFNN 反演算法的反演时间为 37.1 s(含训练学习时间 35.4 s 和反演测试时间 1.7),最小二乘法的反演时间为 2.4 s,仅从单个模型的反演时间而言,最小二乘法的反演速度更快;但是对于多个模型的反演来说,由于 RBF 神经网络训练好以后就可以直接反演,不需要重复训练,因此 RBF 神经网络也具有较高的反演效率。

用于验证的模型 5-2 为 3 个异常体的组合模型,用来检验 RBF 神经网络和 BP 神经网络反演结果之间的差异。模型 5-2 的基本参数如下:采用温拿-斯伦贝格装置,每排含 37 个电极,15 层电阻率数据,电极距为 1.0 m,围岩电阻率为 100 Ω·m,低阻异常体大小为 1.5 m×3 m,电阻率为 10 Ω·m,其顶部埋深为 1.5 m;高阻异常体 1 的大小为 1.5 m×4 m,电阻率为 1000 Ω·m,其顶部埋深为 1 m;高阻异常体 2 的大小为 1.5 m×2 m,电阻率为 500 Ω·m,其顶部埋深为

1 m。用该模型的正演视电阻率作为 RBF 神经网络网络的输入，对网络进行反演测试，网络输出的反演结果如图 5-9 所示：

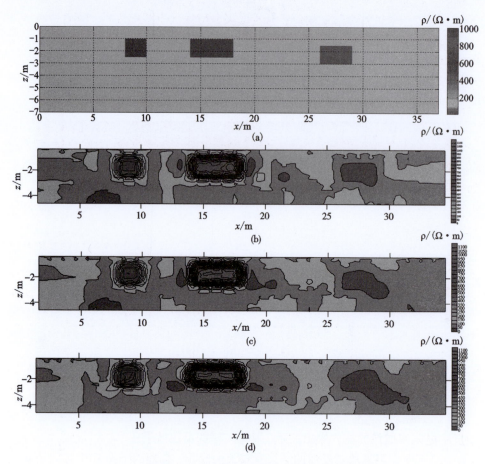

图 5-9　模型 5-2 的模型示意图及不同方法的反演结果
(a)模型 5-2 示意图；(b)HQOLS-RBFNN 反演结果；
(c)双隐层 BPNN 反演结果 (d)单隐层 BPNN 反演结果

从反演结果来看，三种神经网络反演均能够较为准确的反演出异常体的存在和位置。相对而言，单隐层 BPNN 的反演结果在低阻异常体形态的重构上存在着较大的失真，其高阻异常体 2 的电阻值也与模型存在着一定的差异；双隐层 BPNN 的反演结果较单隐层 BPNN 得到了改善，但低阻异常体的形态依然存在较大的失真；HQOLS-RBFNN 反演算法的高低阻异常体的位置准确、形态与间隔清晰、电阻值与实际模型更加接近，其结果优于 BPNN 的反演结果，同时该结果也与前面数据仿真的结论相吻合，验证了算法的性能。通过对以上反演结果进行更深入的分析可知，本文采用的 RBF 神经网络和 BP 神经网络在学习方式上有着较大的区别，基于 OLS 算法的 RBF 神经网络是通过将典型样本映射成隐层结构来进行学习，而基于梯度法的 BP 神经网络是通过调整权值以将样本误差均匀分配至各个隐节点来进行学习。因此，当训练样本与测试模型接近时，RBF 神经网络反演的精度更高，速度更快；反之当训练样本与测试模型差异较大时，BP 神经网络反演的结果将相对更加准确。

5.6 本章小结

本章使用 RBF 神经网络来实现电阻率成像的非线性反演，比较了不同学习算法在 RBF 神经网络反演中的性能和效率。通过综合考虑神经网络的拟合能力和模型复杂度，提出了一种基于汉南－奎因信息准则的 OLS 学习算法，该算法不需要进行参数阈值的设定，能自适应选择 RBF 神经网络的网络结构，均衡了网络的训练精度和泛化能力，具有较好的反演性能。

神经网络非线性反演建模的核心问题是设计神经网络的隐含层结构和规划神经网络的训练样本，其中隐含层结构与反演问题的复杂度相对应，训练样本与反演的异常体特征相对应。BP 神经网络中，隐节点数的选择没有普适的方法，主要采用凑试法来确定；RBF 神经网络中，OLS 算法和本文的 HQOLS 算法均可较好地确定合适的隐节点数。训练样本的规划须尽可能涵盖可能的异常体特征，但又不能过多，以免造成神经网络结构的臃肿和训练效率的降低，本章采用的区域分组法将每个训练样本细分为多组训练数据，可以在训练样本的数量和反演速度中取得较好的均衡。数据仿真和模型反演的结果表明：

(1) 合理的神经网络反演建模，能够使得训练出来的 RBF 神经网络基本准确地反映电阻率成像的输入输出关系，取得较好的反演效果；

(2) 不同学习算法对反演的结果有较大的影响，合理的选择 RBF 学习算法是构造 RBF 神经网络反演模型的关键；

(3) 不同的信息准则对于神经网络隐含层结构的惩罚程度不一，在实际应用中应根据反演的具体需求和样本的数量来进行选择。在本文的训练和测试条件下，HQOLS－RBFNN 较 BP 神经网络的误差更小，效率更高；较传统的最小二乘反演成像更加清晰准确。总之，RBF 神经网络是一种新兴的电阻率成像非线性反演技术，对于规模更大、参数更多的反演问题，RBF 神经网络反演的理论研究和实际应用还需在以后的工作中不断完善。

本章将信息准则与 RBF 神经网络相结合，提出了一种自适应确定 RBF 神经网络隐含层结构的 HQOLS 学习算法，但是 HQOLS 学习算法的隐节点中心为训练样本的子集，基带宽为常数，当训练样本与测试模型差异较大时，该结构上并不是一种最优的 RBF 神经网络。如果将 HQOLS 学习算法和其他的全局搜索算法相结合(例如：遗传算法、粒子群算法、微分进化算法等)对中心和基带宽进行进一步优化可以获得更精确的反演结果。下一章将研究全局搜索算法和信息准则在 OLS – RBFNN 中的综合应用，从而构建一种新的 RBF 神经网络电阻率成像反演框架。

第 6 章　基于二阶段学习的 RBF 神经网络电阻率成像反演

RBF 神经网络具有结构简单、学习速度快、不易陷入局部极小等优点，能够有效的提高电阻率成像反演的收敛速度和求解质量。泛化性能是评估 RBF 神经网络反演性能的重要指标，影响 RBF 神经网络泛化性能的主要因素包括训练样本的规划和神经网络的隐含层结构。在 HQOLS 学习算法中，RBF 神经网络的隐含层结构由信息准则自适应的确定，但是训练样本规划时的数量依然会对不同信息准则产生不同的影响；另外当训练样本的规划不充分时，如何弥补训练样本集中非典型性特征和噪声对反演结果所造成的不利影响，同样需要进行深入的理论研究和实践分析。

本章将针对不同信息准则对 OLS - RBFNN 隐含层结构的影响进行定量分析，并在此基础上结合粒子群优化算法对 RBF 神经网络进行再次训练（学习），着重研究基于二阶段学习框架的 RBF 神经网络在电阻率成像非线性反演中的应用。

6.1　基于二阶段学习的 RBF 神经网络基本理论

6.1.1　OLS - RBFNN 的不足

基于 OLS 算法的 RBF 神经网络在进行电阻率成像反演时表现出较快的收敛速度和较强的学习能力，相较于聚类算法和梯度算法具有更高的鲁棒性和泛化能力，但是作为一种非线性反演方法，它依然存在着以下一些不足：首先，误差精度阈值的设定容易导致过拟合现象的发生，信息准则作为一种统计学中的模型选择工具，可以协助 OLS - RBFNN 进行隐含层建模，防止过拟合现象的发生，但是不同的信息准则惩罚程度不同，其应用范围不同，应对其进行更加深入的定量分析；其次，基于 OLS 算法的 RBF 神经网络是通过将典型样本映射成隐含层结构来进行学习，学习后的隐节点中心为训练样本的子集，基带宽为常数，当训练样本与测试模型差异较大时，RBF 神经网络的反演结果将存在较大的误差，使用全局搜索算法对训练好的 OLS - RBFNN 进行再次训练，能够进一步消除训练样本集中非典型性特征和噪声对神经网络参数的影响，提高网络的泛化性能。

基于以上思想，本章提出一种基于二阶段学习的 RBF 神经网络反演算法框架,该框架将 RBF 神经网络的学习过程分为两个部分:第一阶段,基于信息准则和 OLS 算法的 RBF 神经网络隐含层结构自适应设计;第二阶段,基于全局搜索算法的 RBF 神经网络参数优化。

6.1.2 RBF 神经网络的样本规划与建模

本章主要针对二维电阻率成像技术进行 RBF 神经网络非线性反演的理论研究,为了更加全面的研究训练样本对 RBF 神经网络反演性能的影响,本章设计了一个与第 5 章相比更大规模的正演模型,其获取样本的正演模型参数设置如下:采用温拿 – 斯伦贝格装置,测量电极为 51 个,极距为 1 m,一条测线上共采集 20 层 580 个数据点。正演方法采用第 2 章所介绍的有限体积法。

本章综合考虑视电阻率和真电阻率的非线性映射关系以及神经网络的设计规模,采用与第 5 章类似的神经网络建模方式,经过数值测试确定 RBF 神经网络输入节点数为 60 个,输出节点为 20,每一次测量可获得多组数据集,同时大大简化了 RBF 神经网络的结构。神经网络的训练数据通过改变不同异常体的位置和形态来获得,共获取 32 次测量数据,共 18560 个数据点。为测试神经网络的泛化性能,同时提供 8 次测试数据,共 4640 个数据点,测试数据均未参加网络训练。

6.1.3 第一阶段学习

信息准则是衡量统计模型拟合优良性的一种标准,近年来被广泛的应用于神经网络的隐含层节点选择。常见的信息准则包括赤池信息准则 AIC,贝叶斯信息准则 BIC 和汉南 – 奎因信息准则 HQC。在高斯模型下,以上信息准则可用下式统一表示:

$$IC = N \cdot \ln\left(\frac{RSS}{N}\right) + k \cdot \rho_n \quad (6-1)$$

$$\rho_n = \begin{cases} 2, & AIC \\ \ln(\ln(N)), & HQC \\ \ln(N), & BIC \end{cases} \quad (6-2)$$

式中,N 为观测数量,RSS 为残差平方和,k 为模型参数的数量,在此为 RBF 神经网络的隐节点数目。

利用信息准则和 OLS 算法自适应选择 RBF 神经网络隐含层结构的过程如下:

(1)根据 OLS 算法求解每次选择回归子时的中心位置和权值,并计算当前神经网络的样本残差平方和:

$$RSS = \frac{1}{N}\sum_{i=1}^{N}(y_i - Y_i)^2 \quad (6-3)$$

式中,N 为训练集的样本个数,Y_i 为第 i 个样本的理想输出值,y_i 为第 i 个样本的实际输出值。

（2）由式(6-1)计算每次选择回归因子时的 IC 值，其中用隐节点的个数作为评价模型复杂度的参数，并绘出 IC 值的曲线；

（3）选择 IC 最小值时的隐含层结构，并以此结构构造 RBF 神经网络。

利用已规划好的训练样本，采用三种不同的信息准则自适应选择 RBF 神经网络隐含层结构的过程如图 6-1 所示：

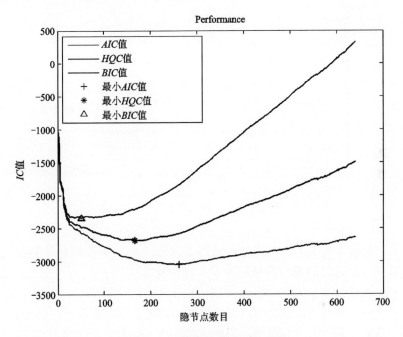

图 6-1　不同信息准则的 IC 曲线

由图 6-1 可知，为了均衡训练误差和模型复杂度，信息准则引入了惩罚项来防止神经网络中的过拟合问题。因此 IC 曲线在初期因为训练误差的下降而迅速的下降，但在后期因为模型参数的增加，惩罚项的作用增大，因此曲线呈现出上升的趋势，而 IC 曲线的最低点就是信息准则认为的均衡了训练误差 RSS 和模型复杂度的最佳模型。由式 6-2 可知，不同信息准则的惩罚程度不同，具体为 $AIC < HQC < BIC$，因此不同信息准则最小值出现的位置也有所不同。

图 6-2 使用决定系数 R^2 进一步描述了不同信息准则在 RBF 神经网络隐含层结构选择中的不同。

由图 6-2 可知，AIC 所选择的神经网络模型有着最佳的决定系数，这是因为 AIC 模型的惩罚项最小，因此训练误差 RSS 在 RBF 神经网络隐含层节点的选择中

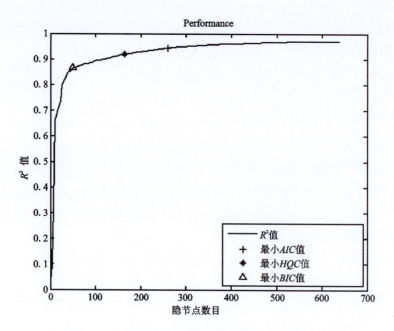

图 6 - 2　不同信息准则所选择模型的决定系数比较

影响更大,从而迭代了更多的次数,获得了更低的训练误差和更高的决定系数,但是同时 AIC 所选择的神经网络模型节点数目也最多。

因此,虽然在第一阶段中信息准则可以协助 OLS - RBFNN 自适应的选择隐含层结构,但是不同的信息准则由于惩罚项的影响不同,所选择的选择隐含层结构是不一致的;同时由于惩罚项的限制,OLS - RBFNN 的训练误差无法在不增加隐含层节点的前提下进一步提高,因此引入第二阶段的学习非常必要。

6.1.4　第二阶段学习

通过第一阶段的学习,RBF 神经网络选择了合适的隐节点数量、径向基中心和基带宽,但是就训练误差而言,此时的径向基中心和基带宽并非最优的参数。全局搜索算法可以在不增加隐含层节点的基础上进一步对训练误差进行优化。在本节中采用粒子群优化算法对 RBF 神经网络的网络参数进行进一步调整,从而在保持网络规模的前提下进一步提高网络的学习精度。

根据需要优化的 RBF 神经网络网络参数,对粒子群优化算法中的粒子结构定义如图 6 - 3 所示。

图 6 - 3 中每一个粒子由径向基中心的变化量 $\Delta \boldsymbol{c}_i$ 和基带宽 σ_i 构成:$[\Delta \boldsymbol{c}_i^{\mathrm{T}},$ $\sigma_i]$,$i = 0, 1, 2, \cdots, h$,h 为隐节点数目,$\Delta \boldsymbol{c}_i^{\mathrm{T}} = (c_{i1}, c_{i2}, \cdots, c_{ip})$,$p$ 为输入变量

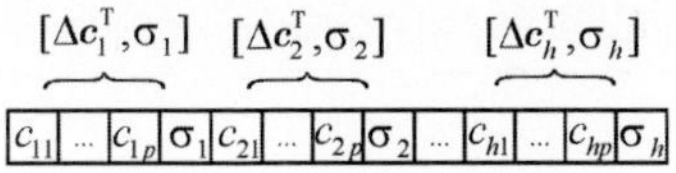

图6-3 粒子结构图

的维数。

为了实现对训练误差进行进一步优化,将粒子群优化算法的适应度函数定义为残差平方和 RSS:

$$fitness = \sum_{k=1}^{N}\sum_{j=1}^{m}(Y_{kj}-y_{kj})^2 \qquad (6-4)$$

式中,N 是样本个数,m 是输出维数,Y_{kj} 是第 k 个样本第 j 维的理想输出,y_{kj} 是第 k 个样本第 j 维的预测输出,定义如下:

$$y_{kj} = b_j + \sum_{i=1}^{k} w_{ij}\exp\left(-\frac{\|x-(C_i+r\cdot\Delta c_i)\|^2}{\sigma_i^2}\right) \qquad (6-5)$$

式中,h 是隐节点数目,r 是调整半径,用来控制第二阶段学习的优化权重,本节中设置为0.05。

根据以上定义的粒子结构和适应度函数,通过执行粒子群优化算法,即可进一步优化训练精度,获得最优的 RBF 神经网络径向基中心和基带宽参数。

6.2 基于二阶段学习的 RBF 神经网络实现步骤

基于二阶段的学习算法是一个基于信息准则和全局搜索算法的 OLS - RBF 神经网络学习过程的实现框架,本文将采用 PSO 算法实现全局搜索过程的二阶段学习算法称为 ICPSO - OLS 算法。其具体的实现步骤总结如下:

(1) 采用经典的 OLS 学习算法依次选择 RBF 神经网络的隐含层结构;

(2) 选择一种合适的信息准则(AIC,HQC 或 BIC)进行神经网络的隐含层设计,并记录信息准则数值最小的隐含层结构,完成第一阶段的学习过程。

(3) 使用粒子群优化算法优化神经网络的参数:

1) 依据图6-3的粒子结构初始化种群,每个粒子中的参数根据 RBF 神经网络的隐含层结构随机产生;

2) 按照公式6-4和公式6-5计算种群中各粒子的适应度;

3) 评估种群。评估种群中粒子的适应度值,如果本代产生的局部最优值优于全局最优值,则进行取代。如果全局最优值达到设定阈值或迭代达到最大次数,则保存结果,执行步骤4),否则执行步骤4);

4) 更新粒子。利用粒子群优化算法速度和位置的更新公式产生新一代种群,

并执行步骤2);

(4)将粒子群优化算法的全局最优值作为 RBF 神经网络的隐含层结构参数,完成第二阶段学习;

(5)根据隐含层结构参数求解线性方程组,重新计算 RBF 神经网络的输出层权值,完成 RBF 神经网络的设计。算法的执行流程图如图 6-4 所示。

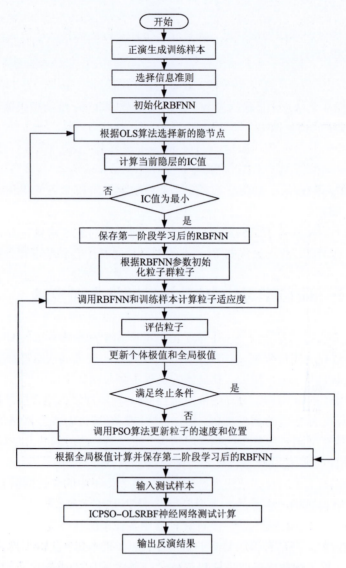

图 6-4 基于 HQOLS 算法的 RBFNN 反演流程图

6.3 数值仿真与模型反演

6.3.1 信息准则的选择

ICPSO - OLS 算法包含了二阶段的学习过程，在第一阶段学习中，使用 IC 和 OLS 算法自适应的确定神经网络的隐节点数目并得到径向基中心和基带宽的初始值；在第二阶段学习中，使用 PSO 算法进一步优化径向基中心和基带宽，以得到更高的训练精度。图 6 - 5 显示了在第一阶段学习中不同信息准则选择 RBF 神经网络隐含层结构时隐节点数量在 RSS 曲线上的具体位置。由图 6 - 5 可知，因为 OLS 算法采用正交化的方法独立计算回归子对输出的贡献，依次选择贡献大的回归子作为隐含层结构，所以 RSS 曲线随着隐节点数目的增长不断下降。同时由于惩罚项的存在，各信息准则选择的 RBF 神经网络隐含层结构隐节点数目均不相同，其中 AIC 的惩罚项最小，所以隐节点数目最大，RSS 值最小；BIC 的惩罚项最大，所以隐节点数目最小，RSS 值最大；HQC 的网络规模和学习性能居中。

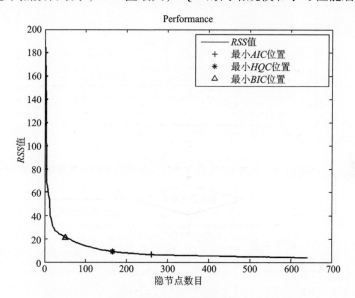

图 6 - 5　不同 IC 模型在第一阶段学习中的收敛位置

图 6 - 6 显示了在第二阶段学习中，不同信息准则选择的 RBF 神经网络模型在粒子群优化算法优化下的收敛曲线。粒子群优化算法的种群规模设置为 30，粒子的长度和结构随不同信息准则选择的 RBF 神经网络模型变化。由图 6 - 6 可知，适应度曲线随着初始迭代的进行快速下降，最后逐渐收敛，显示了算法的可

行性。由于隐节点数目的不同,不同信息准则选择的 RBF 神经网络模型收敛至不同的 RSS 值。

表 6-1 进一步给出了上述三种信息准则选择的 RBF 神经网络模型在两次训练阶段时的最小信息准则数值、隐含层节点数、最小 RSS 和平均 RSS。由表 6-1 可知,在本章的训练样本下,AIC 能够在第一阶段和第二阶段均达到最低的 RSS,获得最高的训练精度;BIC 选取的 RBF 神经网络模型隐节点数目最少,但是性能最差;HQC 的网络规模和训练精度均较为均衡,这也与三者的理论分析一致。因此,本章采用 AIC 作为第一阶段的模型选择准则。

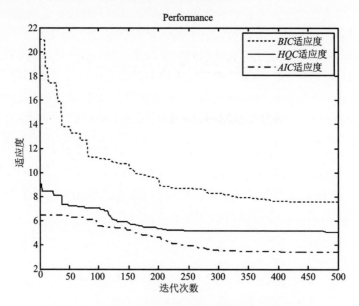

图 6-6　不同 IC 模型在第二阶段学习中的收敛曲线

表 6-1　不同 IC 模型在各学习阶段的性能比较

IC	最小 IC 值	隐节点数	第一阶段(OLS)		第二阶段(PSO)	
			最小 RSS	平均 RSS	最小 RSS	平均 RSS
AIC	-3.0455e+003	261	6.4545	17.3595	3.4298	4.4787
HQC	-2.6834e+003	166	9.0747	22.9450	5.0686	5.8218
BIC	-2.3425e+003	51	21.0427	43.2308	7.5580	9.8329

6.3.2　二阶段学习 RBF 神经网络的性能验证

为了验证 ICPSO - OLS 算法的反演性能,将 RBF 神经网络与 BP 神经网络的反演结果进行比较,其训练和测试数据如上节所述,考虑到 BP 网络结构对其反演性能的影响，分别构造了以下两个 BP 神经网络：

BPNN1：单隐层神经网络，其隐节点为 60；

BPNN2：双隐层神经网络，其隐节点为 48 - 10。

BP 神经网络的训练算法使用 RPROP，训练次数为 1000；RBF 神经网络的训练算法使用 ICPSO - OLS，其中第一阶段学习计算至最优隐节点处，第二阶段学习 PSO 算法的迭代次数设置为 500，种群规模设置为 30。表 6 - 2 给出了上述三种神经网络在训练和测试阶段的决定系数、RSS 和训练时间，其中训练时间的计算环境如下：CPU 为 Core(TM) i5 - 2450，内存为 2Gb，操作系统为 windows XP SP4。

表 6 - 2　不同神经网络的反演性能比较

网络类型	R^2(训练)	R^2(测试)	RSS(训练)	RSS(测试)	计算时间/s
Proposed method	0.9492	0.9186	3.4298	19.704	259.22
BPNN1	0.8732	0.8617	47.136	55.424	84.73
BPNN2	0.9126	0.8983	26.703	34.816	142.85

由表 6 - 2 可知，ICPSO - OLS 学习算法的训练和测试精度均优于单隐层和双隐层的 BP 算法，双隐层的 BP 神经网络也达到了较优的训练和测试精度，单隐层 BP 神经网络的训练和测试性能最差，但是计算时间最短。相同的信息也体现在决定系数上，ICPSO - OLS 学习算法的训练和测试的决定系数最高，具有较好的反演精度和泛化能力，单隐层 BP 神经网络的训练和测试的决定系数最低，误差较大，双隐层的 BP 神经网络的决定系数介于两者之间，也能够获得较好的反演结构。当然二阶段 ICPSO - OLS 学习算法的缺点也很明显，就是运算时间过长，尤其是第二阶段学习中的 PSO 算法需要较长的搜索时间才能获得较优的神经网络参数。

6.3.3　理论模型反演结果评估

在本节中使用两个不同的异常体模型进一步验证 ICPSO - OLS 学习算法进行电阻率成像反演的可行性。其中模型 6 - 1 用来验证 ICPSO - OLS 反演算法在两个不同学习阶段的反演性能，其结构与第四章模型相同，但是为了突出第二阶段学习的作用，在训练样本集中未包含相似的训练模型，即模型 6 - 1 与训练样本集中的模型存在较大的差异；模型 6 - 2 用来比较 ICPSO - OLS 反演算法与 BPNN 反演算和最小二乘法的反演结果：

用于验证的模型 6 - 1 为两个相邻地电体，两个地电体直接的距离为 8 个电极距。模型 6 - 1 的基本参数如下：采用温拿 - 斯伦贝格装置，每排含 51 个电极，20 层电阻率数据，电极距为 1.0 m，围岩电阻率为 200 Ω·m，低阻异常体大小为 3 m×4 m，电阻率为 50 Ω·m；高阻异常体大小为 3 m×4 m，电阻率为 500 Ω·m，其顶部埋深均为 2 m。用该模型的正演视电阻率作为 ICPSO – OLS 反演算法的输入，对网络进行反演测试，网络输出的反演结果如图 6 – 7 所示：

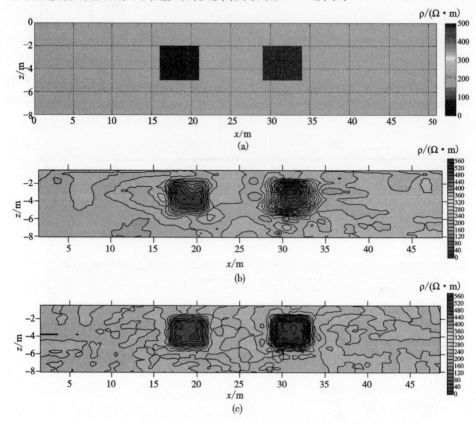

图 6 – 7　模型 6 – 1 的模型示意图及不同方法的反演结果
(a)模型 6 – 1 示意图；(b)第一阶段学习反演结果；(c)第二阶段学习反演结果

从反演的结果可以看出，ICPSO – OLS 反演算法的第一阶段学习和第二阶段学习均能够较为准确的反映高低阻异常体的位置、形态和电阻值，但经过第二阶段学习后反演算法的结果更加精确，细节方面也更加清晰，这是由于 PSO 算法微调了 RBF 网络的径向基中心和基带宽，而新的 RBF 网络隐含层参数具有更佳的反演性能。

用于验证的模型 6 – 2 为一个更加复杂的地电结构，用来比较 ICPSO – OLS 反演算法和其他经典反演算法的反演性能。模型 6 – 2 的基本参数如下：采用温拿 – 斯伦贝格装置，每排含 51 个电极，20 层电阻率数据，电极距为 1.0 m，围岩电阻率为 200 Ω·m，在围岩上方有一个 1 – 3 m 的高阻覆盖层，电阻率为 500 Ω·m，高阻覆盖层下是一个大型的垂直低阻异常体，电阻率为 50 Ω·m。用该模型的正演视电阻率作为各反演算法的输入，对模型进行反演测试，各算法输出的反演结果如图 6 – 8 所示：

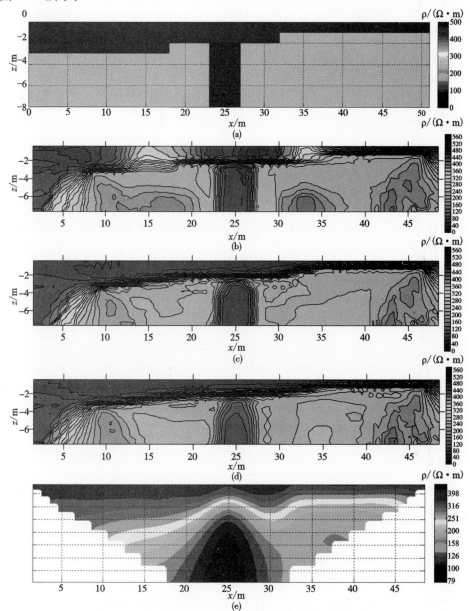

图 6 – 8 模型 6 – 2 的模型示意图及不同方法的反演结果

(a)模型 6 – 2 示意图；(b) HQOLS – RBFNN 反演结果；
(c) BPNN2 反演结果；(d) BPNN1 反演结果；(e)最小二乘法反演结果

从反演结果来看，所有的反演方法均能够显示高阻层和低阻异常体的存在，但是神经网络的反演结果相较于最小二乘法的反演结果更加精确。ICPSO - OLS 反演算法的对异常体形态的重构最为准确，但是在高阻层的部分区域存在一些异常体阻值的失真，这是因为 RBF 神经网络神经网络的建模基于纵向分组，而该区域训练样本覆盖不充分造成的，但基本不影响对异常体的判断；BP 神经网络神经网络也能够对模型中异常体形态和阻值进行较准确的重构，但在低阻异常体部分存在部分的失真，同时 BP 神经网络神经网络反演结果中不存在 RBF 神经网络神经网络反演中所出现的部分区域异常体阻值失真的情况，这是因为 BP 神经网络神经网络在训练时将误差均匀分散至每个权值，所以其体现出的阻值失真是全局的而不是局部的。而且双隐层 BPNN 的反演结果优于单隐层 BPNN，这也与前面的理论分析相吻合。最后所有神经网络反演结果均对层状异常体存在边缘误差，导致了图件边缘的失真，这是由于温拿 - 斯伦贝格装置采集视电阻率时，采集数据呈倒三角分布，因此在神经网络训练时，对边缘信息训练不足造成的，其解决方式在第 4 章中已进行讨论。

6.4　本章小结

本章对信息准则在 OLS - RBFNN 中的应用进行了定量分析，比较了不同信息准则对于 OLS - RBFNN 训练精度的影响，并在此基础上提出了一种基于二阶段学习的 ICPSO - OLS 反演算法，该算法在第一阶段学习中选择合适的信息准则确定隐含层结构，然后再在第二阶段学习中采用 PSO 算法进一步优化 RBF 神经网络的径向基中心和基带宽，数值实验和理论模型的计算结果表明：

（1）不同的信息准则对 OLS - RBFNN 神经网络的结构有决定性的影响。本章中由于采用了比第 5 章更大更复杂的正演模型进行样本规划，因此在本章的训练样本下 AIC 比 HQC 具有更好的学习效果。从理论上分析，更加复杂的正演模型需要更加复杂的神经网络隐含层结构进行非线性映射，AIC 所选择的 RBF 模型比 HQC 选择的 RBF 模型具有更多的隐节点数目，所以在本章中选择 AIC 作为第一阶段学习中的信息准则。

（2）模型的复杂度是衡量模型泛化能力的重要标准，一般认为在保证神经网络训练精度的前提下，复杂度较低的模型具有更高的泛化能力。在第二阶段学习中，粒子群优化算法能够在保证神经网络隐节点数目（模型复杂度）不变的情况下提高神经网络的训练精度，从而进一步提高反演算法的性能。

（3）基于 OLS 算法的 RBF 神经网络和基于梯度法的 BP 神经网络在学习方式上有着本质的不同。基于 OLS 算法的 RBF 神经网络是通过将典型样本映射成隐含层结构来进行学习，因此当训练样本与测试模型差异较大时，RBF 神经网络反演会产生较大的误差,但这种误差往往是局部的,局限于测试模型与隐含层结构的差别;而基于梯度法的 BP 神经网络是通过调整权值以将样本误差均匀分配至各个隐节点来进行学习,因此当训练样本与测试模型差异较大时,BP 神经网络反演会将误差分散,体现为反演结果的全局误差。因此当训练样本与测试模型差异较大时,BP 神经网络的反演结果将相对更加准确。

第 7 章　基于主成分–正则化极限学习机的超高密度电法非线性反演

　　超高密度电法是高密度电法在采集方式上的改进，其勘探原理与常规的电法相同，均以岩矿石的电性差异为基础，通过观测和研究人工建立稳定电场的分布规律来解决水文、环境和工程地质问题。然而在传统的高密度电法勘探中，不同排列类型的装置具有不同的分辨率和勘探深度，在相同的地质结构上，不同装置的视电阻率伪截面有着较大的不同。为了重构更加精确的地下地质结构，改进传统的电法勘探采集数据的方式，通过多装置数据融合来提高电阻率成像的分辨率成为了电阻率反演的一个重要方向。"超高密度电法"是一种多通道、多电极的电阻率采集系统。该系统能够提供一种"泛装置"的数据采集方法，通过提高采集电阻率数据的数量来获取更高精度的反演成像质量。

　　虽然非线性方法已在电阻率反演中得到了较为广泛的应用，但直接应用至超高密度电法反演中均存在不足，一方面，粒子群优化、模拟退火、遗传算法等蒙特卡洛类算法的原理是以一定的规则引导反演算法在全局解空间内搜索最优解，通过反复调用正演算法来评估解的质量，并最终收敛于全局最优解，但由于超高密度电法的解空间规模大、正演算法计算时间长，该类方法的计算效率很低；另一方面，神经网络等机器学习类方法的原理是通过正演算法来产生一系列用于学习的样本，然后使用一种机器学习模型来对样本进行学习，通过学习来调整模型的结构和参数，并最终产生能够正确解释观测数据的反演模型，但由于超高密度电法学习样本的维度大，参数多，其训练过程往往难以收敛并极易陷入局部极值。因此寻找一种合适的非线性方法进行超高密度电法数据的反演和解释势在必行。

7.1　超高密度电法的基本原理及正演方法

　　传统的电阻率成像勘探中，由于受到不同装置电极排列规律的限制，在同一条件下，用不同的装置进行数据采集实验所得到的原始视电阻率数据图和反演后的电阻率图均不相同。而超高密度电法实际上是一种基于"泛装置"的阵列勘探方法，虽然它仍沿用高密度电法勘探的电极阵列，但突破原有程式化单装置模式的束缚，不再分装置方式观测和反演。以 30 个电极为例，4 极泛装置超高密度电法的工作过程如下：将测线上排列的30个电极分为奇数组15个电极(1,3,5,…,29)和偶数组15个电极(2,4,6,…,30)2组，然后在这两组电极中各选取一个作为供电电极A和B，在一次通电过程中同时测量其他电极(27个N极)相对于某一电极M的电位差，就可得到27个电位差。奇数组15个电极和偶数组15个电极互相配对(全排列)作为供电电极，即一条测线上的所有电极有15×15种AB电极排列，每种排列可同时采集27个电位差数据，所以总的数据量为15×15×27=6075，远大于传统的高密度电法所获取的数据量。超高密度电法的装置示意图如图7-1所示。

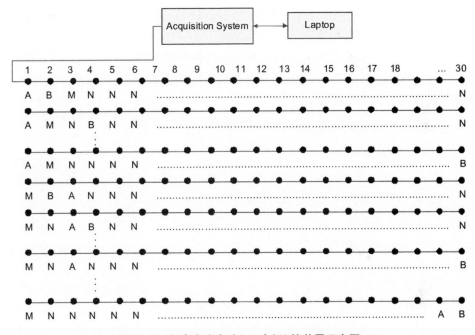

图7-1　超高密度电法(30电极)的装置示意图

本文以上述装置为基础，采用有限体积法进行2.5维电阻率成像的正演计算，得到各测量电极的电位矩阵，结合图7-1中超高密度电法4极装置的电极坐标矩阵，即可求解各MN电极之间的电位差，从而实现超高密度电法4极装置的2.5维正演数值模拟，为进一步研究超高密度电法的非线性反演提供支持。同时为测试反演算法的稳定性和泛化能力，在正演数据中加入了3%的随机噪声。

7.2 极限学习机理论

7.2.1 标准极限学习机

极限学习机(Extreme Learning Machine，ELM)是 Huang 提出的一种机器学习新方法[162]。该方法以单隐层前馈神经网络为模型，对网络的输入权值和偏置进行随机赋值，并在最小二乘准则的基础之上，利用 Moore – Penrose 广义逆计算输出权值，因此克服了基于梯度下降学习理论的学习机器的固有缺陷，具有收敛迅速，不陷入局部极值等优点，适合对高维输入输出的超高密度电法反演问题进行建模。标准的极限学习机工作原理如下。

对于给定的训练样本集 $\{x_i, t_i\) | i=1,2,\cdots,N\}$，$x_i = (x_{i1}, x_{i2}, \cdots, x_{in})^T \in \mathbf{R}^n$，$t_i = (t_{i1}, t_{i2}, \cdots, t_{im})^T \in \mathbf{R}^m$。具有 L 个隐节点并采用激活函数 g 的单隐层前馈神经网络的数学模型可描述如下：

$$f_L(x) = \sum_{i=1}^{L} \boldsymbol{\beta}_i g_i(\boldsymbol{w}_i \cdot \boldsymbol{x}_j + b_i) = o_j, \quad j = 1,2,\cdots,N \tag{7-1}$$

式中，$\boldsymbol{w}_i = (w_{i1}, w_{i2}, \cdots, w_{in})^T$ 为第 i 个隐节点与输入节点间的权值向量，$\boldsymbol{\beta}_i = (\beta_{i1}, \beta_{i2}, \cdots, \beta_{im})^T$ 为第 i 个隐节点与输出节点间的权值向量，b_i 为第 i 个隐节点阈值。

为了最小化极限学习机的代价函数

$$E = \sum_{j=1}^{N} \| o_j - t_j \| \tag{7-2}$$

传统的梯度下降学习算法主要采用迭代的方式来更新网络参数，其迭代过程如下：

$$W_{k+1} = W_k - \eta \frac{\partial E(W_k)}{\partial W_k} \tag{7-3}$$

式中，W 为参数 (w, β, b) 的集合，η 为学习率。但该方法存在收敛缓慢，容易陷入局部极值等问题。

极限学习机通过寻求最优的网络参数以使得代价函数最小，即：

$$\min E = \min_{w_i, b_i, \beta} \| H(w_1, w_2, \cdots, w_L, b_1, b_2, \cdots, b_L, x_1, x_2, \cdots, x_N) \boldsymbol{\beta} - \boldsymbol{T} \| \tag{7-4}$$

式中：

$$H = H(w_1, w_2, \cdots, w_L, b_1, b_2, \cdots, b_L, x_1, x_2, \cdots, x_N)$$

$$= \begin{bmatrix} h(\boldsymbol{x}_1) \\ \vdots \\ h(\boldsymbol{x}_N) \end{bmatrix} = \begin{bmatrix} g(\boldsymbol{w}_1 \cdot \boldsymbol{x}_1 + b_1) & \cdots & g(\boldsymbol{w}_L \cdot \boldsymbol{x}_1 + b_L) \\ \vdots & & \vdots \\ g(\boldsymbol{w}_1 \cdot \boldsymbol{x}_N + b_1) & \cdots & g(\boldsymbol{w}_L \cdot \boldsymbol{x}_N + b_L) \end{bmatrix}_{N \times L}$$

为隐层输出矩阵，

$$\boldsymbol{\beta} = \begin{bmatrix} \boldsymbol{\beta}_1^T \\ \vdots \\ \boldsymbol{\beta}_L^T \end{bmatrix}_{L \times m}$$ 为输出权矩阵，$\boldsymbol{T} = \begin{bmatrix} \boldsymbol{t}_1^T \\ \vdots \\ \boldsymbol{t}_L^T \end{bmatrix}_{N \times m}$ 为目标输出矩阵。

因此极限学习机的网络训练过程可等效为一个非线性优化问题，当激活函数无限可微时，网络的输入权值和隐节点阈值可随机赋值，则上式等效为：

$$\min E = \min_{\beta} \| \boldsymbol{H}(\boldsymbol{w}_1, \boldsymbol{w}_2, \cdots, \boldsymbol{w}_L, b_1, b_2, \cdots, b_L, \boldsymbol{x}_1, \boldsymbol{x}_2, \cdots, \boldsymbol{x}_N) \boldsymbol{\beta} - \boldsymbol{T} \| \quad (7-5)$$

赋值后的 $\boldsymbol{H}$ 为常数矩阵，因此极限学习机训练过程等效为求解 $\boldsymbol{H}\boldsymbol{\beta} = \boldsymbol{T}$ 的最小二乘解 $\hat{\boldsymbol{\beta}}$。如果隐层节点数 L 等于训练样本数 N，则矩阵 $\boldsymbol{H}$ 是方阵而且可逆，当输入权值和隐藏层偏置随机赋值时，极限学习机可以以零误差逼近训练样本。然而绝大多数情况下，隐层节点数 L 远小于训练样本数 N，则 $\boldsymbol{H}\boldsymbol{\beta} = \boldsymbol{T}$ 的最小范数二乘解为：

$$\hat{\boldsymbol{\beta}} = \boldsymbol{H}^+ \boldsymbol{T} \quad (7-6)$$

式中，$\boldsymbol{H}^+$ 为 $\boldsymbol{H}$ 的 Moore – Penrose 广义逆矩阵。

7.2.2 主成分 – 正则化极限学习机

根据标准 ELM 算法的基本理论可知，ELM 的优点主要体现为以下两点：（1）ELM 通过随机赋值的方式指定了隐层参数，仅需对神经网络的输出层参数进行学习和调整，极大的提高了神经网络的学习速度；（2）ELM 通过求解广义逆的方式来得到输出层参数的最小范数二乘解，避免了传统梯度算法的局部极值问题。相较于传统的电阻率成像，超高密度电法的反演数据量更大，需要更加复杂的神经网络隐层结构进行非线性映射，而复杂的隐层结构必然导致学习参数的增加以及学习过程的缓慢，同时也更容易产生局部最小值。因此 ELM 从理论上解决了超高密度电法反演的主要问题，适合进行超高密度电法的非线性反演。

然而标准的 ELM 算法主要存在两个问题：（1）输出层参数求解采用 Moore – Penrose 广义逆矩阵的方式，容易导致过拟合现象，影响了 ELM 的泛化能力；（2）隐节点的个数与学习精度直接相关，在求解复杂的应用问题时，ELM 网络的结构往往过于庞大。为解决过拟合问题，Huang 在标准的 ELM 中引入了正则化参数[163]，以增强 ELM 的稳定性和泛化能力，此时极限学习机的代价函数为：

$$\min E = \min_{\beta} \| \boldsymbol{H}\boldsymbol{\beta} - \boldsymbol{T} \| + \lambda \| \boldsymbol{\beta} \| \quad (7-7)$$

式中，λ 为正则化参数，此时的 $\boldsymbol{\beta}$ 为：

$$\boldsymbol{\beta} = \begin{cases} \boldsymbol{H}^T \left(\dfrac{\boldsymbol{I}}{\lambda} + \boldsymbol{H}\boldsymbol{H}^T \right)^{-1} \boldsymbol{T}, \boldsymbol{H}\boldsymbol{H}^T \text{ is non sigular} \\ \left(\dfrac{\boldsymbol{I}}{\lambda} + \boldsymbol{H}^T\boldsymbol{H} \right)^{-1} \boldsymbol{H}^T \boldsymbol{T}, \boldsymbol{H}^T\boldsymbol{H} \text{ is non sigular} \end{cases} \quad (7-8)$$

正则化 ELM 通过引入正则化参数，提高了 ELM 在小样本学习条件下的泛化能力，符合超高密度电法反演中训练样本的构造特点，然而由于超高密度电法采用"泛装置"进行数据采集，采集的电位差无法根据装置系数转化为视电阻率，反演模型的输入为采集的所有电位差，因此其输入维数过高，以 30 电极的超高密度电法装置为例，其输入维数就达到了 6075，这对于任何机器学习方法而言都需要庞大的结构对其进行学习，降低了反演算法的效率和可靠性。主成分分析（Principal Component Analysis，PCA）和机器学习模型结合是对高维数据进行机器学习的一种新方法。本章结合 PCA 和正则化 ELM 技术，提出了一种主成分 - 正则化 ELM（PC - RELM）反演模型，其基本结构如图 7 - 2 所示。

PC - RELM 反演模型分为四层，其中输入层用于采集的超高密度电法的电位差数据输入；PCA 层用于对高维电位数据进行降维，按照预先设定的阈值选择合适数量的主成分，从而简化极限学习机的隐层结构；隐层主要用来对超高密度电法的电位差数据和反演的模型参数之间的非线性关系进行学习和拟合；输出层则对反演的模型参数进行输出。本反演模型通过主成分分析进行特征提取和降维，避免了在高维特征空间运算时存在的"维数灾难"问题，适合超高密度电法采集的高维数据在进行反演解释时的 ELM 结构设计。因此本章采用基于主成分 - 正则化的 ELM 进行超高密度电法非线性反演的建模。

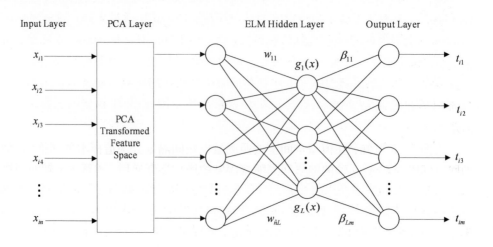

图 7 - 2　含 PCA 层的 ELM 结构

7.3 主成分-正则化极限学习机反演建模

本章主要针对超高密度电法进行极限学习机非线性反演的理论研究,其获取样本的正演模型参数设置如下:测量电极为30个,极距为1 m,一条测线上共采集6075个电位差数据。

7.3.1 样本构造

考虑到极限学习机样本学习的流程与神经网络类似,通过借鉴神经网络反演中对样本的构造方式来完成极限学习机的反演建模。针对电阻率反演的神经网络建模,目前的文献中主要有两种方法,一种是使用视电阻率的水平位置、垂直位置和视电阻率值为输入节点,对应位置的真电阻率值为输出节点,将每次测量的所有数据点设为一个数据集进行训练[65]。该方法的特点是神经网络的结构简单、训练迅速。但视电阻率和真电阻率一一对应,无法充分反映视电阻率是电场作用范围内地下电性不均匀体的综合反映这一视电阻率的本质特征;另一种是将所有测量的视电阻率作为输入节点,所有模型参数作为输出节点[66]。该方法建立的神经网络输入输出节点数量大,且隐含层结构复杂,如此大规模的神经网络不仅需要通过大量的时间来进行训练和确定隐含层的最优节点数、而且训练和测试需要更多的样本数据。根据超高密度电法的工作原理可知,超高密度电法没有特定的装置,所以无法根据装置系数计算视电阻率,只能使用电位差作为极限学习机的输入,因此本章只能采用第二种方法进行极限学习机的建模,其中极限学习机的输入维度为采集的超高密度电位差数据6075,输出维度为地电模型有限体积法正演网格化后的模型参数数目2880。训练样本和测试样本的构造如图7-3所示。

由图7-3可知,在模型空间上按照测量电极间隔划分构造样本的网格,x轴的网格间隔为1 m,y轴的网格间隔随着深度的增加逐渐递增,本章中y轴的网格间隔依次为1 m,1 m,1 m,1 m,2 m,2 m。然后使用最小分辨率的单异常体遍历模型空间,求解不同位置时的正演数据获得训练样本。同理参照探测目标大小建立测试异常体,使用测试异常体遍历模型空间,求解不同位置时的正演数据获得测试样本。测试样本不参加训练,仅用来检测算法的泛化能力。

7.3.2 PCA降维

Ho(2009)采用上述样本构造方法进行了简单的三维电阻率成像神经网络反演的样本构造[66]。然而该方法直接应用于超高密度电法反演存在两点不足:(1)超高密度电法反演模型的输入为采集的所有电位差,输出为全部模型参数,因此

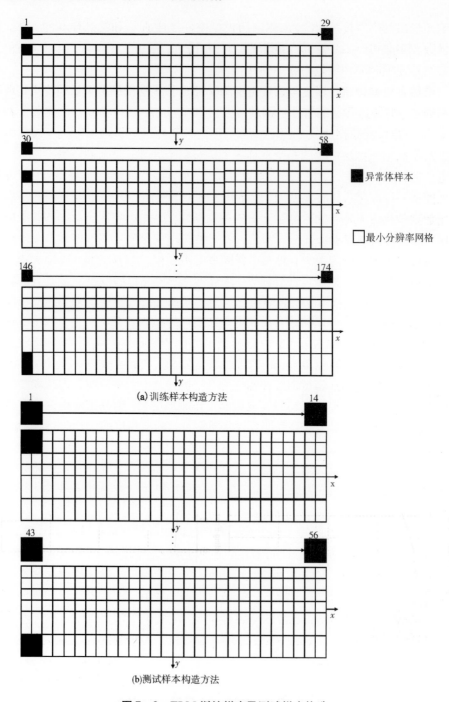

图 7-3 ELM 训练样本及测试样本构造

其输入输出的维数过高;(2)采用遍历模型空间产生训练和测试样本的方法,在电极数较多时将产生大量的训练和测试样本。以上缺点直接影响了极限学习机进行非线性建模时的计算效率和稳健性。

虽然在样本构造阶段超高密度电法为机器学习模型提供了大量的高维特征数据和样本,但是这些高维特征数据的特征中存在着大量与目标异常体无关的特征和噪声,同时特征间存在着强烈的冗余,因此本章在进行极限学习机反演建模前首先对超高密度电法产生的高维特征数据进行降维处理。针对超高密度电法采集的电位差数据,本章采用 PCA 层对高维特征数据进行降维。PCA 降维的 Pareto 图如图 7-4(a)所示,从图 7-4(a)可知,前 7 个主成分已经包括了 95% 左右的原始数据信息,一般情况下只要大于 7 个主成分,均能够较好的描述超高密度电法所产生的高维特征数据。为了进一步确定降维的主成分个数,仿真了极限学习机随维度增加的训练误差变化曲线,如图 7-4(b)所示。从图 7-4(b)可知,在初始主成分较少的情况下,由于降维后的样本无法充分反映高维特征数据的相关信息,极限学习机的训练误差相对较高;随着维度的增加,所选主成分所包含的高维数据特征更加丰富,极限学习机的训练误差迅速下降,到达 19 维时开始逐渐稳定,同时由 Pareto 图可知,19 个主成分已经包括了 99% 以上的原始信息,因此为了尽可能的保留高维数据的原始特征,同时兼顾 ELM 的反演效率,选择前 19 个主成分作为降维后的输入训练样本。

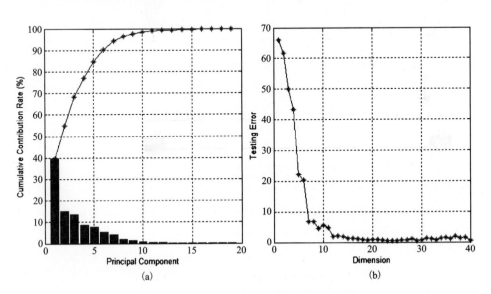

图 7-4 超高密度电法电位数据主成分降维

(a)Pareto 图;(b)测试误差曲线

7.3.3 参数寻优

在正则化极限学习机学习的过程中，有三个参数影响 ELM 的学习和反演性能，它们分别是激活函数类型，隐节点个数和正则化参数。因此为构造优化的 ELM 反演模型，需要对激活函数类型，隐节点个数和正则化参数进行优选。考虑到激活函数类型对 ELM 的直接影响，优先对激活函数的类型进行选择。常见的 ELM 激活函数列举如下[164]：

(1) Sigmoidal function：$Sigmoid(n) = 1/(1 + \exp(-n))$.

(2) Sine function：$Sine(n) = (e^{in} - e^{-in})/2i$.

(3) Hard – limit transfer function：$Hardlim(n) = \begin{cases} 1, & n \geq 0; \\ 0, & otherwise \end{cases}$

(4) Triangular basis function：$Tribas(n) = \begin{cases} 1 - abs(n), & if\ -1 \leq n \leq 1; \\ 0, & otherwise \end{cases}$

(5) Radial basis function：$Radbas(n) = \exp(-n^2)$.

在不同的激活函数下，选择隐节点个数 L 和正则化参数 λ 的方法是让 L 和 λ 在一定范围内进行取值，在不同的 L 和 λ 参数下利用交叉验证(Cross Validation，CV)的方式进行训练，并将取得验证误差最低的那一组 L 和 λ 作为 ELM 的最佳参数。

CV 是用来验证分类器性能的一种统计分析方法，基本思想是把在某种意义下将原始数据(dataset)进行分组，一部分作为训练集(train set)，另一部分作为验证集(validation set)。其方法是首先用训练集对模型进行训练，再利用验证集来测试训练得到的模型，以得到的拟合误差作为评价模型的性能指标。采用交叉验证的思想可以有效地避免过学习和欠学习状态的发生，最终得到较为理想的拟合模型。本章采用 $K - CV$ 的方式进行交叉验证，将原始训练数据均分为 K 组，将每个子集数据分别做一次验证集，同时其余的 $K - 1$ 组子集数据作为训练集，这样会得到 K 个模型，用这 K 个模型最终的验证集的验证误差的平均数作为此 $K - CV$ 下拟合模型的性能指标。综合考虑参数寻优的时间和性能，通过凑试法本章设置 $K = 5$，$L = [1, 2, \cdots, 76]$，$\lambda = [2^{-6}, 2^{-5.5}, \cdots, 2^{5.5}, 2^{6}]$。最后分别求解在不同激活函数下，$L$ 和 λ 的归一化误差曲面如图 7 – 6 所示。为便于显示 λ 在图 7 – 5 中取 log2 对数。

表 7 – 1 进一步给出了不同激活函数下，最优 L 和 λ 参数的训练误差、测试误差和交叉验证计算时间。其中交叉验证计算时间的运行环境如下：CPU 为 Core(TM) i5 – 2450，内存为 2GB，操作系统为 Windows XP SP4。

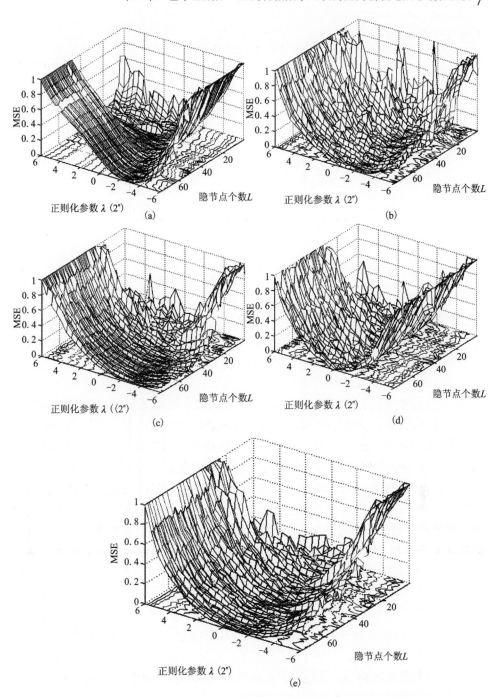

图 7-5 不同激活函数下隐节点数目和正则化参数变化的归一化误差曲面
(a) Sigmoid；(b) Sine；(c) Hardlim；(d) Tribas；(e) Radbas

表 7-1 不同参数下 ELM 反演的性能比较

Activation function	Optimized parameters	K-CV MSE(training)	K-CV MSE(testing)	CVTime/s
Sigmoid	$L=68$, $\lambda=0.0625$	28.3762	83.9386	381.8772
Sine	$L=59$, $\lambda=0.1767$	94.0228	102.1166	401.5312
Hardlim	$L=73$, $\lambda=0.03125$	48.2210	86.8597	410.8383
Tribas	$L=74$, $\lambda=0.0883$	92.4833	115.2659	417.6308
Radbas	$L=71$, $\lambda=0.25$	38.7435	90.6696	415.17425

由图 7-5 可知，虽然不同激活函数的误差曲面各异，但随着隐节点数目的增加和正则化参数的减小，交叉验证的误差曲面均开始下降，并逐渐收敛于某一特定区域，该现象表明：(1) 随着隐节点数量的增加，使得 ELM 的隐层结构趋于复杂，非线性学习能力增强，数据拟合能力增加；当隐节点数目过低时（低于 20 时），ELM 的工作不稳定，误差曲面存在一定的振荡；(2) 随着正则化参数的减小，ELM 在学习过程中更加偏重于拟合误差，因此误差曲面逐渐下降，但当下降到一定程度时，为保证泛化能力，在交叉验证下，ELM 模型的验证误差开始逐渐上升；(3) 如果隐节点数量过大，则会产生过拟合；同理如果正则化参数过小则会产生过约束，因此误差曲面最终收敛于隐节点较大和正则化参数较小的某一特定区域，获得了拟合精度和泛化能力的较好均衡；(4) 相较于其他激活函数，Sigmoid 函数的误差曲线更为平滑，表明在建模的过程中，ELM 的输出随参数的变化更加稳定；其他激活函数由于 ELM 隐层参数指定的随机性，在收敛过程中均出现了不同程度的振荡。由表 7-1 可知，Sigmoid 函数在参数 $L=68$，$\lambda=0.0625$ 时取得了最低的交叉验证误差，建模性能最佳，同时几种激活函数的交叉验证计算时间相当，没有太大的差别。综上，本章采用 Sigmoid 激活参数进行 ELM 反演建模，其隐节点个数和正则化参数分别设置为 68 和 0.0625。

7.3.4 反演流程

通过以上的研究和分析，使用 PC-RELM 反演超高密度电法数据的基本步骤如下：

(1) 初始化电极数目，电极距等正演参数和 PC-RELM 反演参数；
(2) 使用有限体积法正演产生电位数据；
(3) 根据超高密度泛装置生成电极矩阵，并由电极矩阵和电位数据计算超高密度电法的采集电位差数据；

（4）根据超高密度电法的采集数据规划训练和测试样本；

（5）对样本中的高维特征数据进行 PCA 降维，选择满足阈值设定的主成分构成新的训练和测试样本；

（6）输入训练数据集，在当前的训练与测试环境下，通过 $K-CV$ 方法对 ELM 的参数进行优选，其主要包括激活函数类型的选择，L 和 λ 参数的寻优；

（7）对参数寻优后的 ELM 进行训练，并保存训练后的 ELM；

（8）输入测试数据集，使用构造好的 ELM 进行反演，输出并评估反演结果。

上述步骤对应的反演流程图如图 7-6 所示。

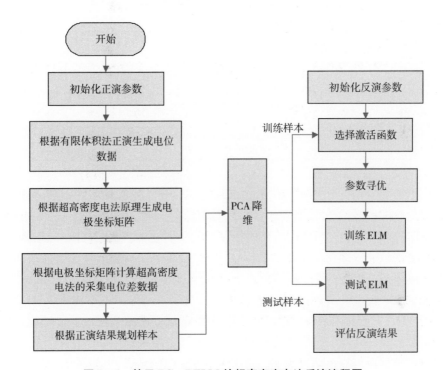

图 7-6 基于 PC-RELM 的超高密度电法反演流程图

7.4 模型反演

为了验证本章所提出的 PC-RELM 方法的反演性能，本章对两个经典的超高密度电法理论模型进行了反演研究，并比较与分析了本章方法与其他经典反演方法的反演结果。

模型 7-1 主要用来检验超高密度电法在垂直方向上对深部异常体的分辨能

力，由四个不同深度的高阻异常体构成[165-166]，引入该模型来验证超高密度电法分辨深部异常的能力。本章通过将超高密度电法的泛装置与 Wenner，Wenner - Schlumberger 和 Dipole - Dipole 三种四极装置的反演结果进行比较，验证本章所提出的超高密度成像非线性反演算法的性能。其中四种装置的参数设置和反演误差如表 7 - 2 所示。其中超高密度电法装置采用本章的反演方法，其他 3 种四极装置采用最小二乘法（RES2DINV 软件）进行反演。四种装置的反演结果如图 7 - 7 所示。

表 7 - 2 不同装置反演结果比较

装置类型	电极数	电极距	a	n	采集数据量	模型参数	反演误差 RMS error/%
泛装置	30	1	—	—	6075	2880	2.44
Wenner	30	1	9	—	135	464	5.35
Wenner - Schlumberger	30	1	9	9	383	464	3.53
Dipole - Dipole	30	1	9	6	395	464	2.97

由图 7 - 7 可知，传统的 Wenner，Wenner - Schlumberger 和 Dipole - Dipole 三种装置均能够较好的反演出浅层的三个高阻异常体的位置和形态，但对于 5 米以下的高阻异常体，三种装置均无法获得满意的反演结果，而基于 PC - RELM 方法的超高密度电法反演由于采集的数据量大、信息丰富，为深部异常体的反演提供了更多的依据，能够较好的反演出 5 米以下的高阻异常体的位置及形态，其反演结果优于三种传统装置的最小二乘反演。

模型 7 - 2 主要用来检验超高密度电法在高对比度模型下对低对比度异常体的分辨能力，它包含了一个高阻异常体，一个低阻层状介质和一个组合低阻异常体。对该模型进行深入研究表明，传统的 Wenner 和 Dipole - Dipole 装置均无法反演出模型 7 - 2 的组合低阻异常体，而基于多电极装置的超高密度电法反演则能够获得较好的反演结果[45,47,166]。本章在上述研究的基础之上，构建了 4 种超高密度电法的非线性反演模型，以验证非线性反演方法在超高密度反演中的性能。四种非线性反演方法中，BPNN 为 BP 神经网络方法，已广泛的应用于电阻率成像反演；GRNN 为广义回归神经网络，是 RBF 神经网络的一种改进，在一维电测深中已有初步的应用[71]；ELM 为标准的极限学习机模型，PC - RELM 为本章根据超高密度电法反演所提出的主成分正则化极限学习机模型，四种非线性反演方法的参数设置如表 7 - 3 所示。

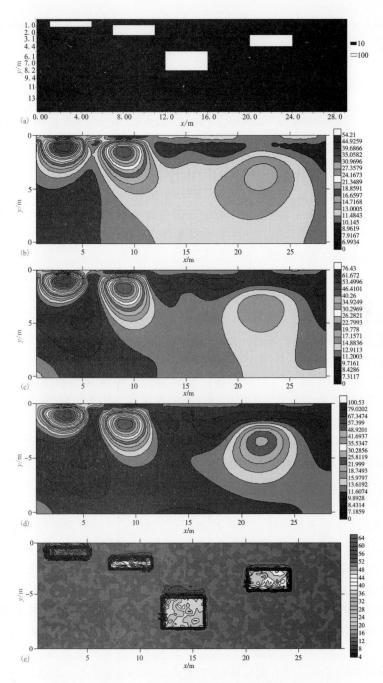

图7-7 模型7-1的模型示意图及不同装置的反演结果

(a)模型示意图；(b)Wenner装置；(c)Wenner-Schlumberger装置；
(d)Dipole-Dipole装置；(e)超高密度电法装置

表 7 – 3　不同非线性反演方法的参数设置

反演方法	隐节点数	学习算法	学习算法参数	目标误差
Proposed method	68	PC – RELM	PCA 阈值99%，$L=68$，$\lambda=0.0625$	–
ELM	150	ELM	$L=68$，$\lambda=0.0625$	–
BPNN	150	RPROP	学习系数0.02；最大训练次数1000	0.003
GRNN	–	GR	扩展常数0.9	–

由图 7 – 8 可知，四种非线性反演方法均能够在不同程度上反演出组合低阻异常体，相对而言 PC – RELM 和 BPNN 反演得到的组合低阻异常体其形态更加准确，但是 BPNN 对低阻层状介质的反演结果不佳，这是因为 BPNN 的全局响应特性使得低阻层状介质的反演结果受高阻异常体的影响较大而造成的；GRNN 也能够获得模型中的各个异常体，但由于网络收敛于样本量聚集较多的优化回归面，因此其反演结果中高低阻异常体的阻值较为接近，与实际模型存在较大误差；标准的 ELM 因为未考虑正则化因子，受噪声的影响，ELM 的反演结果在高低阻异常体的形态上存在一定的失真。本章所提出的 PC – RELM 算法则能够较好的反演中模型中的各个异常体，在形态和电阻率值上均与理论模型更为接近。

表 7 – 4 进一步给出了四种非线性反演方法在训练和测试阶段的均方误差 MSE 和决定系数 R^2 以及 PCA 降维（阈值设定为99%）前后的计算时间。其中均方误差 MSE 代表预测误差，其值越小，表示反演模型的预测误差越小；决定系数 R^2 代表预测值与测量值之间的相关度，其值越大，表示两种数据间存在着越明显的线性相关性；计算时间的运行环境如下：CPU 为 Core$^{(TM)}$ i5 – 2450，内存为 2GB，操作系统 Windows XP SP4。通过 PCA 降维后的样本因为压缩了输入维度，降低了神经网络模型的复杂度，因此四种非线性反演方法的计算时间均少于降维前的计算时间，同时由于 RELM、ELM 都是随机获取隐层参数并通过求解 Moore - Penrose 广义逆矩阵得到输出参数，其计算时间均优于需要计算隐层参数的 GRNN 和基于迭代的 BPNN 算法。在训练阶段，由于 ELM 算法是通过求解广义逆矩阵直接拟合训练样本，因此训练误差最小；RELM 虽然引入了正则化因子，但基于和标准的 ELM 算法同样的训练方式，训练误差也相对较小；BPNN 和 GRNN 的训练误差则相对较大；在测试阶段，RELM 表现出较高的泛化性能，得到了最小的训练误差，BPNN 由于其全局响应的能力，将误差的影响均分至了各个网络节点，也获得了较小的训练误差，而标准的 ELM 和 GRNN 的测试误差则相对较大。以上结论也可以从 R^2 指标中得到进一步验证。

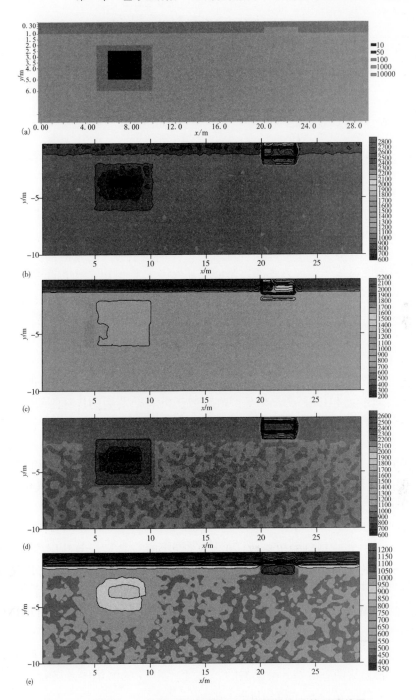

图 7-8 模型 7-2 的模型示意图及不同非线性方法的反演结果

(a) 模型示意图；(b) PC-RELM；(c) ELM；(d) BPNN；(e) GRNN

表 7-4　不同非线性反演方法的性能比较

类型	R^2(training)	R^2(testing)	MSE(training)	MSE(testing)	计算时间 （降维前）/s	计算时间 （降维后）/s
RELM	0.8508	0.7157	52.2388	128.1303	46.3245	22.5487
ELM	0.8857	0.6807	16.6237	156.9122	45.2440	22.3768
BPNN	0.8413	0.7016	72.1229	140.0834	1363.2416	226.4053
GRNN	0.8019	0.5044	112.8982	194.1147	53.2762	40.5375

7.5　本章小结

超高密度电法一方面为地质资料的解释提供了更为丰富的高维数据，高维数据中所蕴含的电位差信息能够为高精度的电阻率成像提供信息基础；另一方面维数的增长又带来了"维数灾难"问题，为通过高维数据学习和建立非线性反演模型带来极大的挑战。本章根据超高密度电法的特点，提出了一种基于主成分－正则化技术的 ELM 非线性快速反演方法，该方面采用 ELM 学习模型，其隐层参数随机获得，输出层参数通过求解 Moore-Penrose 广义逆矩阵获得，极大的简化了样本的学习过程；针对超高密度电法采集的高维样本数据，采用主成分分析法对输入样本进行降维，简化了样本的结构；加入了正则化因子，以克服样本中噪声对反演模型的影响，提高 ELM 学习模型的泛化能力；最后采用交叉验证的方法对建模中的三个核心参数：激活函数类型，隐节点数目和正则化因子进行了优选，得到了优化的 PC-RELM 非线性反演模型，给出了超高密度电法的正演方法和反演流程。通过两个经典的超高密度电法理论模型的反演结果可知，超高密度电法较传统的四极装置具有更高的分辨率，能够解决一些传统四极装置无法解决的特殊问题；非线性反演方法能够减少对初始模型的依赖，不易陷入局部极值，在超高密度电法反演中具有广泛的应用前景，但同时也需要解决高维样本数据所带来的计算效率问题；本章提出的 PC-RELM 非线性反演方法实现简单，计算效率高，泛化能力强，其反演结果优于最小二乘线性反演方法以及 ELM、BPNN、GRNN 等其他非线性反演方法。

第8章 非线性反演工程实例分析

BP 神经网络和 RBF 神经网络都是前馈型神经网络的典型代表,具有通用逼近的特征,在电阻率成像非线性反演中具有广泛的应用前景。本书前面的研究工作表明:通过合理的样本规划和选择合适的学习算法,两者均可以较好的完成视电阻率和地电模型参数之间的非线性映射建模。然而以上的研究均是建立在理论模型的分析基础上,对于工程勘探中的实测数据,由于先验信息的缺乏和噪声的干扰,一方面无法针对实际异常的特征,合理的构造神经网络的训练样本;另一方面,神经网络在训练中容易受到噪声的影响,产生"过拟合"现象,影响网络的泛化性能。针对实测数据开展神经网络反演技术的研究,可提高神经网络反演技术在工程勘探中的实用性。

本章通过一个简单的工程实例数据对神经网络的反演性能进行比较和研究分析,并在此基础上总结了神经网络应用于实测数据反演中的不足,最后给出了一种基于最小二乘反演结果的神经网络训练样本构造方法。

8.1 工程概况

广东某场地由于进行施工建设,需掌握该场地基岩完整性、覆盖层厚度及断裂带、沟槽、破碎带等分布和发育情况,以便为施工设计提供科学依据。工程场地位于海岸边上,地形平缓,岸边以海积砂为主,向内陆过渡为侵蚀残丘;区域内深、大断裂发育,断裂带中变质、混合岩化作用强烈[161]。

本章中用于研究神经网络反演性能的实测数据来源于该工程的某条测线,测线方向由西向东,电极数量为 60,电极距为 5.0 m,野外布线方式采用温拿-斯伦贝格装置,测线长为 295 m,共测量 10 层,完成测点 480 个,探测深度约为 20 m 左右,同时在测线 225 m 处进行钻孔,对反演结果进行验证。经过对数化处理后测线上采集的视电阻率伪截面如图 8-1 所示。

8.2 神经网络直接反演

针对实测数据,在不考虑先验信息的基础上,首先通过经典的高低阻异常体模型来产生神经网络的训练样本。其中背景电阻率设为 500 Ω·m,高阻异常体

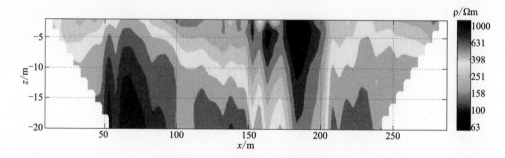

图 8-1 测线上视电阻率伪截面图

设为 1500 Ω·m，低阻异常体设置为 50 Ω·m，通过改变异常体的形态和位置来获取不同的训练样本，共设计 40 个训练样本模型，获取 19200 个数据点。其中部分用于训练的样本模型如图 8-2 所示。

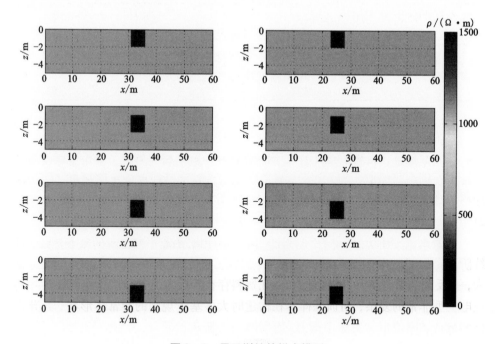

图 8-2 用于训练的样本模型

使用 BP 神经网络和 RBF 神经网络对以上训练样本进行训练，并使用实测数据对训练好的神经网络进行测试。其中 BP 神经网络和 RBF 神经网络的参数设置如表 8-1 所示。

表 8-1 不同神经网络的参数设置

神经网络	输入维数	输出维数	隐节点数	学习算法	学习系数	最大训练次数	扩展常数	目标误差
BPNN1	30	10	63	RPROP	0.02	1000	-	0.001
BPNN2	30	10	63	LM	0.02	1000	-	0.001
RBFNN	30	10	-	OLS	-	-	0.6	0.01

'-'代表该参数无需设定。

根据文献[66]中提供的方法，本章使用反演后模型的正演视电阻率与实测视电阻率数据的均方误差结合钻孔资料对神经网络的结果进行评估，不同神经网络的反演结果如表 8-2 所示

表 8-2 不同神经网络的反演性能比较

学习算法	钻孔处资料/m	MSE(训练)	MSE(测试)	运行时间/s
BPNN1	7.72, 12.48	0.0495	1.2142	67.14
BPNN2	7.37, 11.86	0.0462	1.1382	68.32
RBFNN	8.43, 15.76	0.0100	1.7805	42.57

表 8-2 中钻孔处资料表示神经网络反演结果在钻孔处所显示的覆盖层和风化层底界面位置，实测钻孔资料中该值分别为 5.2 m 和 8.5 m。MSE(训练)为神经网络在训练时的拟合均方误差，MSE(测试)为反演后模型的正演视电阻率与实测视电阻率数据的均方误差，运行时间的计算环境如下：CPU 为 Core(TM) i5-2450，内存为 2Gb，操作系统为 windows XP SP4。

由表 8-2 可以看出，在没有先验信息指导的情况下构造训练样本，虽然训练阶段神经网络均可以达到较低的训练误差，并快速收敛，但是其测试误差很大，其反演结果与实际勘探数据和钻孔资料存在着较大的差异。这是因为实际的地电模型非常的复杂，而训练样本在构建时大多基于规则的异常体形状，其异常体的数量和阻值也与实际模型中的异常体存在较大的差异。因此当实际异常体的电阻率参数远大于(小于)训练样本中的异常体电阻率时，其误差会在反演结果中成倍的放大，造成电阻率值的解释错误；当实际异常体的大小与训练样本中的异常体大小有较大差异时，反演结果中异常体的形态会有较大的失真；以上这些问题均是由于神经网络是基于对样本学习的反演方法造成的，在 BP 神经网络和 RBF 神经网络中均存在，需要采用合适的方式对其进行改进。

8.3 基于最小二乘反演结果的反演

由于训练样本与实际地电模型的差异性,导致训练好的神经网络在反演实测数据时存在着较大的误差,降低了神经网络反演算法在工程勘探中的实用性。训练样本的构建与反演的结果息息相关,在采用合适学习算法的前提下,越符合实际地电模型特征的训练样本就越能够获得更加准确的反演结果。本小节依据最小二乘法的反演结果来构建神经网络的训练样本,其具体的实现方法为先用最小二乘法对实测数据进行反演,得到勘探区域中大致的异常体形态和电阻率值范围,再以此为依据构造神经网络训练样本进行学习和反演以得到更加精确的反演结果。

为构造更加准确的神经网络训练样本,首先使用最小二乘法(Res2Dinv 软件)对采集的视电阻率进行反演,其结果如图 8-3 所示:

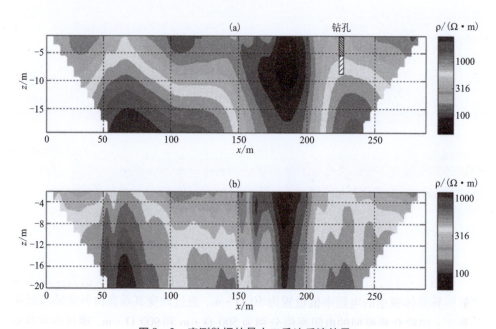

图 8-3　实测数据的最小二乘法反演结果
(a)最小二乘法反演结果;(b)反演结果对应的正演视电阻率

由图 8-3(b)可知,最小二乘法获得了较为理想的反演结果,其反演结果的正演视电阻率截面与实测数据视电阻率截面的形态接近,数值误差较小。较大的误差主要分布在基岩处,对数据解释的影响较小。

由图8-3(a)最小二乘法的反演结果可初步推断,该测线的覆盖层和风化层比较均匀,基岩较为完整,在160-200米处有一低阻异常区,推断为一断层或者地层较破碎,含水率高。根据以上信息进行神经网络训练样本的构造,用层状介质模型来模拟覆盖层和风化层,用低阻异常体模型来模拟低阻异常区。通过改变异常体的大小、阻值和组合来获取不同训练样本。在反演效果较差时,甚至可以直接引用部分最小二乘法反演的结果来构造训练样本,以使得训练样本尽可能具备最小二乘法反演结果的特征。新构造的部分神经网络训练模型如图8-4所示。

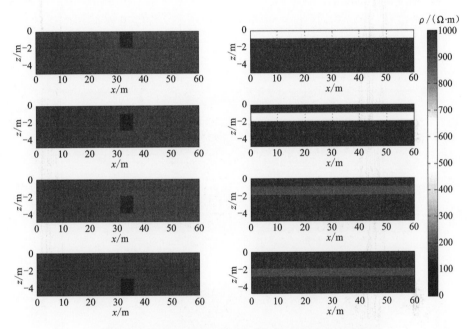

图8-4 基于最小二乘法构造的部分神经网络训练模型

如图8-4可知,在新的神经网络训练样本中,根据最小二乘法的反演结果将低阻异常体模型的电阻率值设置为 $50\ \Omega \cdot m$,通过改变其垂直位置来模拟低阻异常区;层状介质模型的电阻率值分别为 $500\ \Omega \cdot m$ 和 $900\ \Omega \cdot m$,通过改变其垂直位置来模拟覆盖层和风化层;背景电阻率设为 $1000\ \Omega \cdot m$,共设计40个训练样本模型,19200个数据点。

使用本文所研究的混沌振荡 PSO-BP 算法、混沌约束 DE-BP 算法、HQOLS-RBF 算法和 ICPSO-OLSRBF 算法分别对神经网络进行训练,各算法的核心参数设置如下:

表8-3 反演算法的参数设置

反演算法	输入维数	输出维数	隐节点数	学习算法	信息准则	全局搜索算法	种群规模
混沌振荡 PSO – BP	30	10	63	RPROP	–	PSO	30
混沌约束 DE – BP	30	10	63	RPROP	–	DE	30
HQOLS – RBF	30	10	–	OLS	HQC	–	–
ICPSO – OLSRBF	30	10	–	OLS	AIC	PSO	30

'–'代表该参数无需设定。

将训练后的各神经网络对实测数据进行反演,其反演的结果如图8-5所示。

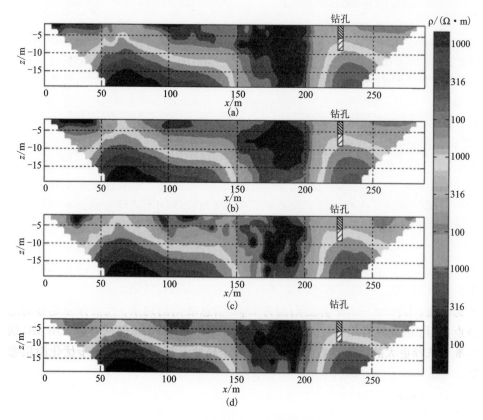

图8-5 不同算法的反演结果比较

(a) 混沌振荡 PSO – BP 算法;(b) 混沌约束 DE – BP 算法;
(c) HQOLS – RBF 算法;(d) ICPSO – OLSRBF 算法

由图 8-5 可知,四种神经网络均能够较好地反演出测线处的地质形态,其覆盖层和风化层厚度以及低阻异常区的位置与最小二乘法的反演结果基本吻合。表 8-4 进一步给出了各种反演算法的反演性能。

表 8-4 不同算法的反演性能比较

反演算法	钻孔处资料/m	MSE(训练)	MSE(测试)	运行时间/s
混沌振荡 PSO-BP	5.38, 9.23	0.0172	0.0952	334.39
混沌约束 DE-BP	5.54, 9.30	0.0168	0.1137	368.72
HQOLS-RBF	6.02, 9.34	0.0143	0.1363	58.12
ICPSO-OLSRBF	5.28, 9.03	0.0074	0.0264	312.67

由表 8-4 可知,就运行时间而言,由于 HQOLS-RBF 反演算法不需要运行全局搜索算法,所以其执行时间最短,仅 58.12 s;PSO 算法的收敛速度在本文的实测数据反演环境中优于 DE 算法,因此混沌振荡 PSO-BP 算法和 ICPSO-OLSRBF 的运行时间略低于混沌约束 DE-BP 算法,但总的来说,全局搜索算法占用了主要的运行时间。就钻孔处资料而言,对比实测钻孔资料中的数据 5.2 m 和 8.5 m,ICPSO-OLSRBF 算法获得了最为接近的反演结果,混沌振荡 PSO-BP 算法与混沌约束 DE-BP 算法的误差相当,混沌振荡 PSO-BP 算法的反演结果略优于混沌约束 DE-BP 算法,HQOLS-RBF 算法的误差最大。总的来说,各反演算法的覆盖层底界面位置与钻孔资料更为接近,而风化层底界面位置则普遍低于钻孔资料。就训练和测试均方误差而言,四种反演算法均能够在训练阶段较好的收敛,同时在测试阶段的反演误差均优于表 8-2 中的反演结果。这表明利用最小二乘法反演的结果构造神经网络的训练样本,可有效的利用隐含在实测数据之中的先验信息,提高神经网络应用于实测数据反演时的资料解释精度。总的来说,基于 BP 神经网络的混沌振荡 PSO-BP 算法和混沌约束 DE-BP 算法其性能较为均衡,HQOLS-RBF 算法则因为 HQC 信息准则的约束,无法保证足够的隐节点数目,因此具有相对较大的反演误差,ICPSO-OLSRBF 算法通过采用 AIC 信息准则选择更大的隐节点数目,同时通过全局搜索算法 PSO 进一步优化隐层参数,因此获得了最好的反演结果。

8.4 本章小结

本章针对神经网络在实测数据反演中的应用效果进行了初步研究,由于实际的地电模型非常复杂,经典的神经网络样本构造方法无法有效地体现地电模型的实际特征，因此反演结果存在着较大的误差。利用最小二乘法的反演结果，可有效地利用隐含在地电模型中的先验信息，构造出适合神经网络反演的训练样本。本章通过一个简单的实测数据，对基于最小二乘法反演结果的训练样本构造方法进行了实现，并通过本文研究的反演算法验证了该方法的可行性。通过实测数据的反演结果表明：

（1）对于实测数据的反演，需要尽可能利用隐含在地电模型中的先验信息（例如勘探区域的地质结构情况，异常的大致分布和电阻率阻值范围等）来构造神经网络的训练样本，训练样本包含地质资料的信息越多，反演的结果越准确，精度越高；

（2）在构建好合理训练样本的前提下，本文研究的混沌振荡 PSO–BP 算法、混沌约束 DE–BP 算法、HQOLS–RBF 算法和 ICPSO–OLSRBF 算法均能够较好地反演出测线处的地质形态，其覆盖层和风化层厚度以及低阻异常区的位置与最小二乘法的反演结果基本吻合，从而验证了本文所做的工作在实际应用中的可行性；

（3）最小二乘法是电阻率成像领域最重要的线性反演方法之一，利用它的反演结果来构造神经网络的训练样本，能够较好地结合线性反演和非线性反演的优点，但同时也增加了反演的计算时间和计算复杂度。如何更好地将最小二乘法的反演结果与神经网络反演进行融合还有待进一步的深入研究。

第 9 章　总结与展望

9.1　总结

　　神经网络反演是地球物理学科中机器学习类反演算法中的重要代表,在电阻率法反演中有着广泛的应用。本书从电阻率成像的完全非线性反演方法出发,对 BP 神经网络和 RBF 神经网络反演的基础理论、网络结构、学习算法和反演建模方法进行了系统的研究。虽然 BP 神经网络和 RBF 神经网络都属于前馈型的通用逼近器,但是在电阻率成像反演的应用中,两者存在着一些明显的区别:

　　(1)网络结构的区别。BP 神经网络的结构可以包含多个隐含层,其结构更加复杂,因此隐含层结构的确定没有普遍适用的规律可循,在反演建模中需要反复测试;而 RBF 神经网络是三层静态的前馈神经网络,隐含层节点可以根据具体的反演规模在训练阶段自适应地调整,具有更强的适应性。

　　(2)学习方法的区别。BP 神经网络的学习需要确定各层的连接权值和阈值,对于复杂的反演问题,多层 BP 神经网络的学习参数数量较多,BP 算法具有易陷入局部极小和收敛缓慢等缺点。虽然改进型的 BP 算法能够提高神经网络反演的性能和效率,但是无法从根本上解决以上问题。RBF 神经网络学习算法可以根据样本的情况动态的构造网络结构和隐含层参数(径向基中心和基带宽),学习速度快,并能够有效地避免局部极小问题。

　　(3)网络响应的区别。RBF 神经网络的局部响应特性决定了在反演时 RBF 神经网络的输出仅受到部分隐含层单元的影响,网络资源的利用率更高。而 BP 神经网络属于全局响应,其网络参数是由所有训练的均方差综合决定的,网络的训练结果是对不同训练样本的折中,但对于某个训练样本来说,无法达到最佳的训练效果。因此在训练样本与观测数据接近时,RBF 神经网络反演的速度更快,效果更好;但当训练样本与观测数据差别较大时,全局响应特性能够使得 BP 神经网络获得比 RBF 神经网络相对更好的反演结果。

　　本书在深入研究 BP 神经网络和 RBF 神经网络反演方法的基础上,从电阻率法的基本理论出发,以神经网络为研究工具,较为系统地探讨了神经网络在电阻率成像中的反演应用,设计了多个基于全局优化算法的混合神经网络反演算法,试图改善电阻率成像非线性反演中的不稳定性和局部极值问题。其成果主要体现

在以下几个方面:

(1)从 BP 神经网络结构、学习算法、建模方法和反演流程等几个方面系统的研究了 BP 神经网络在电阻率成像中的非线性反演应用。比较了不同文献中建模方法和学习算法对电阻率成像非线性反演的结果影响。给出了电阻率成像神经网络非线性反演的基本流程,验证了神经网络应用于电阻率成像非线性反演的可行性。

(2)由于 BP 神经网络具有易陷入局部极小和收敛缓慢等缺点,提出了基于混沌振荡粒子群优化的 BP 神经网络反演算法。该算法采用粒子群优化算法优化 BP 神经网络的权值和阈值,考虑到惯性权重在粒子群优化算法中的惯性作用,设计了一种基于 Logistic 序列的混沌振荡惯性权重优化 PSO – BP 算法的全局搜索能力和收敛性。通过数值计算和模型仿真表明:基于混沌振荡粒子群优化的 BP 神经网络反演算法具有收敛速度快,反演精度高和避免陷入局部极值等优点。

(3)将微分进化算法应用到 BP 神经网络反演的学习过程中来。通过比较 Tent 序列和 Logistic 序列的混沌特征和统计学特征,选取了概率密度分布更加均匀的 Tent 序列来构造微分进化算法的差分变异算子和交叉算子,同时加入了约束因子以保证算法后期的收敛性。这种基于混沌约束的 DE – BP 算法在数值计算和模型仿真的结果中表现出较快的收敛性和较高的反演精度。

(4)为较好的解决神经网络中反演中的局部极值问题,引入 RBF 神经网络进行电阻率成像非线性反演的建模。比较了不同学习算法对 RBF 神经网络反演性能的影响,选择了 OLS – RBF 神经网络进行电阻率成像非线性反演的建模。为了保证网络的泛化性能,应用统计学中的信息准则来自适应确定 OLS – RBF 神经网络的隐含层结构,最后比较了在模型仿真中 BP 神经网络和 RBF 神经网络的反演结果,实验证明在先验信息充分的条件下 RBF 神经网络的反演结果优于 BP 神经网络和传统的线性反演方法。

(5)对信息准则在 OLS – RBF 神经网络中的应用进行了定量分析,比较了不同的反演规模和样本数量对信息准则所确定的隐含层结构的影响。同时在不改变神经网络隐含层结构的基础下,使用全局优化算法对 RBF 神经网络的网络参数进行进一步的学习,以提高网络的训练精度。该方法提供了一种二阶段学习的 RBF 神经网络训练框架。本文应用 AIC 和 PSO 算法对该框架进行了实现,并通过数值计算和模型仿真验证了该方法的性能。

(6)超高密度电法为地质资料的解释提供了更为丰富的高维数据,但是维数的增长又带来了"维数灾难"问题,为通过高维数据学习和建立非线性反演模型带来了挑战。根据超高密度电法的特点,提出了一种基于主成分 – 正则化极限学习机反演方法。该方法采用 ELM 学习模型对超高密度电法数据进行快速反演;针对超高密度电法采集的高维样本数据,采用主成分分析法对输入样本进行降维,简化了样本的结构;加入了正则化因子,以克服样本中噪声对反演模型的影响,提高

ELM 学习模型的泛化能力；最后采用交叉验证的方法对建模中的三个核心参数：激活函数类型、隐节点数目和正则化因子进行了优选，得到了优化的极限学习机非线性反演模型，然后还给出了超高密度电法的正演方法和反演流程。

最后，本书在一个简单的实测数据上对以上研究的反演算法进行了验证，通过利用最小二乘反演的结果来构建神经网络的训练样本，得到了较为满意的反演结果。

9.2　展望

神经网络用于电阻率成像的非线性反演研究具有其他传统反演方法所没有的优势：一方面相对于线性反演算法，神经网络反演不依赖初始模型的选择，不需要反复计算雅克比矩阵；另一方面相对于蒙特卡洛类非线性反演算法，神经网络反演无需在解空间内引导性地迭代正演算法以获得模型的最优参数，而是通过训练样本建立视电阻率和真电阻率的非线性映射关系，反演过程迅速直观。因此包括神经网络在内的机器学习类反演算法为电阻率成像的反演问题带来了一类新的解决方法，值得深入的进行研究。本书虽然系统地研究了神经网络及其改进的反演算法在电阻率成像资料解释中的应用，取得了一定的成果，但是仍然存在许多尚未完成有待在将来进一步研究的工作：

（1）本书仅研究了二维电阻率成像神经网络的反演问题。对于三维的电阻率成像反演问题，由于观测数据量大，模型复杂，需要更加复杂的神经网络才能够完成电阻率成像的非线性建模。而如此复杂的神经网络，构建和训练都需要很长的时间才能完成。今后的工作中可采用 GPU 并行计算的方式来加快三维环境下神经网络电阻率成像反演的建模和训练速度。

（2）本书在对神经网络反演算法进行评估时，主要是以理论模型和对应的正演数值模拟结果作为评估标准的，在神经网络的构造中主要采用控制隐节点数目的方式来抑制高斯白噪声的影响。实际的观测数据噪声的情况更加复杂，采用正则化神经网络(例如贝叶斯神经网络、正则化正交最小二乘 RBF 神经网络)抑制观测数据中噪声的影响是一项有意义的研究工作。

（3）神经网络反演对于高对比度的观测区域有较好的识别效果，但对于地质结构复杂的观测区域，很难构造准确的训练样本对其进行学习，因此反演效果不佳。将神经网络反演算法与传统线性反演算法相结合，利用传统线性反演的结果来构造训练样本，能够为神经网络反演提供更多的训练依据。

总之，本书的研究表明了神经网络及其改进算法在电阻率成像反演中的可行性，为电阻率成像反演问题的解决提供了一些可借鉴的经验。当然，作为一种新兴的非线性反演方法，神经网络在地球物理资料反演中的应用从开始到成熟，还有很长的路要走。

附录

附录一:标准 BP 神经网络反演的 matlab 代码

```matlab
clc
clear all;
close all;
tic
load ERItrain.mat    % 导入训练样本,包含样本的输入 ERItrainin 和输出 ERItrainout
load ERItest.mat     % 导入测试样本,包含样本的输入 ERItestin 和输出 ERItestout
% 数据预处理
train_in = ERItrainin ';
train_out = ERItrainout ';
test_in = ERItestin ';
test_out = ERItestout ';
[inputn,inputps] = mapminmax(train_in);  % 归一化训练样本的输入
[outputn,outputps] = mapminmax(train_out); % 归一化训练样本的输出
% 设置神经网络结构
inputnum = size(inputn,1);   % 输入节点数目
hiddennum = 52;              % 隐层节点数目
outputnum = size(outputn,1); % 输出节点数目

% 神经网络建模
net = newff(minmax(inputn),[hiddennum,outputnum],{'logsig','tansig'},'trainrp','learngdm','mse');
net.trainParam.delt_dec = 0.45;
net.trainParam.delt_inc = 1.2;
net.trainParam.delt0 = 0.75;
net.trainParam.deltmax = 6;
net.trainParam.epochs = 3000;
```

```
net.trainParam.time = inf;
net.trainParam.goal = 0.0001;
net.trainParam.min_grad = 1e-6;
net.trainParam.max_fail = 5;
net.trainParam.lr = 0.15;
net.trainParam.mc = 0.8;
net.trainParam.show = 50;
net.trainFcn = 'trainrp';
net.adaptFcn = 'trains';
net.performFcn = 'mse';
% 训练神经网络
[ERInet,tr] = train(net,inputn,outputn);
% 绘制训练阶段的适应度曲线
figure(1)
semilogy(tr.perf);
gridon

test_inputn = mapminmax('apply',test_in,inputps);% 归一化测试样本输入

% 测试神经网络
BPoutputn = sim(ERInet, test_inputn);
% 反演结果反归一化
BPoutput = mapminmax('reverse',BPoutputn, outputps);
% 计算反演误差
err = mse(BPoutput - test_out);
% 绘制反演结果
figure(2)
BPoutputf = reshape(BPoutput,1,numel(BPoutput))
plot(BPoutputf,':og')
holdon
test_outf = reshape(test_out,1,numel(test_out))
plot(test_outf,'-*');
legend('BP 神经网络反演结果','模型参数')
title('BP 神经网络反演效果','fontsize',12)
xlabel('样本数','fontsize',12)
```

```
ylabel('电阻率值',' fontsize ',12)
outputfile = BPoutput;
csvwrite('d:\ERIinv.csv',outputfile);  %保存反演结果
toc
```

附录二：标准 RBF 神经网络反演的 matlab 代码

```
clc
clear all;
close all;
tic
load ERItrain.mat     %导入训练样本,包含样本的输入 ERItrainin 和输出 ERItrainout
load ERItest.mat      %导入测试样本,包含样本的输入 ERItestin 和输出 ERItestout

%数据预处理
train_in = ERItrainin ';
train_out = ERItrainout ';
test_in = ERItestin ';
test_out = ERItestout ';
[inputn,inputps] = mapminmax(train_in);%归一化训练样本的输入
[outputn,outputps] = mapminmax(train_out);%归一化训练样本的输出

%神经网络建模与训练
[ERInet,tr] = newrb(inputn, outputn,0.00134,0.7);
%测试数据归一化
test_inputn = mapminmax(' apply ', test_in,inputps);
%神经网络测试
RBFoutputn = sim(ERInet, test_inputn);
%反演结果反归一化
RBFoutput = mapminmax(' reverse ',RBFoutputn,outputps);
%绘制训练阶段的适应度曲线
figure(1)
semilogy(tr.perf);
gridon
```

```
% 绘制反演结果
figure(2)
RBFoutputf = reshape(RBFoutput,1,numel(RBFoutput))
plot(RBFoutputf,':og')
holdon
test_outf = reshape(test_out,1,numel(test_out))
plot(output_testf,'-*');
legend('RBF 神经网络反演结果','模型参数')
title('RBF 神经网络反演效果','fontsize',12)
xlabel('样本数','fontsize',12)
ylabel('电阻率值','fontsize',12)
% 计算反演误差
err = mse(RBFoutput - test_out);
outputfile = RBFoutput;
csvwrite('d:\ERIinv.csv',outputfile); % 保存反演结果
toc
```

参考文献

[1] 肖宏跃, 雷宛. 地电学教程[M]. 北京: 地质出版社, 2008.

[2] 冯锐, 李智明, 李志武, 等. 电阻率层析成像技术[J]. 中国地震, 2004, 20(1): 13–30.

[3] 李金铭. 地电场与电法勘探[M]. 北京: 地质出版社, 2005.

[4] Dahlin T. The development of DC resistivity imaging techniques[J]. Computers & Geosciences, 2001, 27(9): 1019–1029.

[5] Gish O H, Rooney W J. Measurement of resistivity of large masses of undisturbed earth[J]. Terrestrial Magnetism and Atmospheric Electricity, 1925, 30(4): 161–188.

[6] Inman Jr J R, Ryu J, Ward S H. Resistivity inversion[J]. Geophysics, 1973, 38(6): 1088–1108.

[7] Pelton W H, Rijo L, Swift Jr C M. Inversion of two–dimensional resistivity and induced–polarization data[J]. Geophysics, 1978, 43(4): 788–803.

[8] Petrick Jr W R, Sill W R, Wards S H. Three–dimensional resistivity inversion using alpha centers[J]. Geophysics, 1981, 46(8): 1148–1162.

[9] Zohdy A A R. A new method for the automatic interpretation of Schlumberger and Wenner sounding curves[J]. Geophysics, 1989, 54(2): 245–253.

[10] Li Y, Oldenburg D W. Approximate inverse mappings in DC resistivity problems[J]. Geophysical Journal International, 1992, 109(2): 343–362.

[11] Loke M H, Barker R D. Least–squares deconvolution of apparent resistivity pseudosections[J]. Geophysics, 1995, 60(6): 1682–1690.

[12] Zhang J, Mackie R L, Madden T R. 3–D resistivity forward modeling and inversion using conjugate gradients[J]. Geophysics, 1995, 60(5): 1313–1325.

[13] Chunduru R K, Sen M K, Stoffa P L. 2–D resistivity inversion using spline parameterization and simulated annealing[J]. Geophysics, 1996, 61(1): 151–161.

[14] Lesur V, Cuer M, Straub A. 2–D and 3–D interpretation of electrical tomography measurements, Part 1: The forward problem[J]. Geophysics, 1999, 64(2): 386–395.

[15] Lesur V, Cuer M, Straub A. 2–D and 3–D interpretation of electrical tomography measurements, Part 2: The inverse problem[J]. Geophysics, 1999, 64(2): 396–402.

[16] Olayinka A I, Yaramanci U. Use of block inversion in the 2–D interpretation of apparent resistivity data and its comparison with smooth inversion[J]. Journal of Applied Geophysics, 2000, 45(2): 63–81.

[17] Dahlin T. The development of DC resistivity imaging techniques[J]. Computers & Geosciences, 2001, 27(9): 1019–1029.

[18] Jackson P D, Earl S J, Reece G J. 3D resistivity inversion using 2D measurements of the electric field[J]. Geophysical prospecting, 2001, 49(1): 26 – 39.

[19] Loke M H, Dahlin T. A comparison of the Gauss – Newton and quasi – Newton methods in resistivity imaging inversion[J]. Journal of Applied Geophysics, 2002, 49(3): 149 – 162.

[20] Schwarzbach C, Börner R U, Spitzer K. Two – dimensional inversion of direct current resistivity data using a parallel, multi – objective genetic algorithm[J]. Geophysical Journal International, 2005, 162(3): 685 – 695.

[21] Rücker C, Günther T, Spitzer K. Three – dimensional modelling and inversion of DC resistivity data incorporating topography—I. Modelling[J]. Geophysical Journal International, 2006, 166(2): 495 – 505.

[22] Günther T, Rücker C, Spitzer K. Three – dimensional modelling and inversion of DC resistivity data incorporating topography—II. Inversion[J]. Geophysical Journal International, 2006, 166(2): 506 – 517.

[23] Jha M K, Kumar S, Chowdhury A. Vertical electrical sounding survey and resistivity inversion using genetic algorithm optimization technique[J]. Journal of Hydrology, 2008, 359(1): 71 – 87.

[24] Catt L M L, West L J, Clark R A. The use of reference models from a priori data to guide 2D inversion of electrical resistivity tomography data[J]. Geophysical Prospecting, 2009, 57(6): 1035 – 1048.

[25] Vachiratienchai C, Siripunvaraporn W. An efficient inversion for two – dimensional direct current resistivity surveys based on the hybrid finite difference – finite element method[J]. Physics of the Earth and Planetary Interiors, 2013, 215: 1 – 11.

[26] Qiang J, Han X, Dai S. 3D DC Resistivity Inversion with Topography Based on Regularized Conjugate Gradient Method [J]. International Journal of Geophysics, 2013, 1(10): 1 – 9.

[27] 白登海, 于晟. 电阻率层析成像理论和方法[J]. 地球物理学进展, 1995, 10(1): 56 – 75.

[28] 王兴泰, 李晓芹. 电阻率图像重建的佐迪 (Zohdy) 反演及其应用效果[J]. 物探与化探, 1996, 20(3): 228 – 233.

[29] 底青云, 王妙月. 电流线追踪电位电阻率层析成像方法初探[J]. 地球物理学进展, 1997, 12(4): 27 – 3.

[30] 毛先进, 冯锐, 鲍光淑. 边界积分方程用于电阻率 Zohdy 反演的初步研究[J]. 地球物理学报, 2000, 43(4): 574 – 579.

[31] 吴小平, 徐果明. 利用共轭梯度法的电阻率三维反演研究 [J]. 地球物理学报, 2000, 43(3): 420 – 426.

[32] 底青云, 王妙月. 积分法三维电阻率成像[J]. 地球物理学报, 2001, 44(6): 843 – 851.

[33] 闫永利, 马晓冰, 底青云, 等. 层状介质二维电阻率扰动反演方法[J]. 地球物理学报, 2004, 47(6): 1139 – 1144.

[34] 吴小平. 非平坦地形条件下电阻率三维反演[J]. 地球物理学报, 2005, 48(4): 932 – 936.

[35] 宛新林, 席道瑛, 高尔根, 等. 用改进的光滑约束最小二乘正交分解法实现电阻率三维反

演[J]. 地球物理学报, 2005, 48(2): 439-444.

[36] 李天成, 牛滨华, 孙春岩, 等. 2D 电阻率正反演成像在水平和垂直模型上的异常响应研究[J]. 地球物理学进展, 2007, 22(3): 940-946.

[37] 刘海飞, 阮百尧, 柳建新, 等. 混合范数下的最优化反演方法[J]. 地球物理学报, 2007, 50(6): 1877-1883.

[38] 汤井田, 陈程, 全朝红, 等. 一种改进的电阻率断面反演方法[J]. 物探化探计算技术, 2008, 30(4): 297-302.

[39] 闫永利, 陈本池, 赵永贵. 电阻率层析成像非线性反演[J]. 地球物理学报, 2009, 52(3): 758-764.

[40] 韩波, 窦以鑫, 丁亮. 电阻率成像的混合正则化反演算法[J]. 地球物理学报, 2012, 55(3): 970-980.

[41] 杨振威, 严加永, 刘彦, 等. 高密度电阻率法研究进展[J]. 地质与勘探, 2012, 48(005): 969-978.

[42] 程勃, 底青云. 基于遗传算法和统计学的电阻率测深二维反演研究[J]. 地球物理学进展, 2012, 27(2): 788-795.

[43] Pidlisecky A, Haber E, Knight R. RESINVM3D: A 3D resistivity inversion package[J]. Geophysics, 2007, 72(2): H1-H10.

[44] Karaoulis M, Revil A, Tsourlos P, et al. IP4DI: A software for time-lapse 2D/3D DC-resistivity and induced polarization tomography[J]. Computers & Geosciences, 2013, 54: 164-170.

[45] Stummer P, Maurer H, Green A G. Experimental design: Electrical resistivity data sets that provide optimum subsurface information[J]. Geophysics, 2004, 69(1): 120-139.

[46] Athanasiou EN, Tsourlos PI, Combined weighted inversion of electrical resistivity data arising from different array types, Journal of Applied Geophysics, 2007, 62: 124-140.

[47] Zhe J, Greenhalgh S, Marescot L. Multichannel, full waveform and flexible electrode combination resistivity-imaging system[J]. Geophysics, 2007, 72(2): F57-F64.

[48] 敬荣中, 鲍光淑, 林剑, 等. 一种基于数据融合的地球物理数据联合反演方法——以 VES 和 MT 为例[J]. 地球物理学报, 2004, 47(1): 143-150.

[49] ZHANG L Y, LIU H F. The Application of ABP Method in High-Density Resistivity Method Inversion[J]. Chinese Journal of Geophysics, 2011, 54(1): 64-71.

[50] Neyamadpour A, Abdullah W A T W, Taib S. Inversion of quasi-3D DC resistivity imaging data using artificial neural networks[J]. Journal of earth system science, 2010, 119(1): 27-40.

[51] Sharma S P. VFSARES-a very fast simulated annealing FORTRAN program for interpretation of 1-D DC resistivity sounding data from various electrode arrays[J]. Computers & Geosciences, 2012, 42: 177-188.

[52] Liu B, Li S C, Nie L C, et al. 3D resistivity inversion using an improved Genetic Algorithm based on control method of mutation direction[J]. Journal of Applied Geophysics, 2012, 87: 1-8.

[53] 高隽. 人工神经网络原理及仿真实例[M]. 北京:机械工业出版社, 2003.

[54] McCulloch W S, Pitts W. A logical calculus of the ideas immanent in nervous activity[J]. The Bulletin of Mathematical Biophysics, 1943, 5(4): 115 – 133.

[55] Wiener N. Cybernetics or Control and Communication in the Animal and the Machine[J]. MIT press, 1961.

[56] Hebb D O. The organization of behavior: A neuropsychological approach[M]. John Wiley & Sons, 1949.

[57] Rosenblatt F. The perceptron, a perceiving and recognizing automaton Project Para[M]. Cornell Aeronautical Laboratory, 1957.

[58] Widrow B, Hoff M E. Adaptive switching circuits[J]. 1960 IRE WESCON Convention Record, 1960, 4: 96 – 104.

[59] Minsky M L, Papert S A. Perceptrons-Edition—An introduction to Computational Geometry [M]. MIT press, 1987.

[60] Hopfield J J. Neural networks and physical systems with emergent collective computational abilities[J]. Proceedings of the national academy of sciences, 1982, 79(8): 2554 – 2558.

[61] Rumelhart D E, Hinton G E, Williams R J. Learning representations by back – propagating errors[J]. Cognitive modeling, 2002, 1: 213 – 218.

[62] Calderón – Macías C, Sen M K, Stoffa P L. Artificial neural networks for parameter estimation in geophysics[J]. Geophysical Prospecting, 2000, 48(1): 21 – 47.

[63] El – Qady G, Ushijima K. Inversion of DC resistivity data using neural networks [J]. Geophysical prospecting, 2001, 49(4): 417 – 430.

[64] 徐海浪, 吴小平. 电阻率二维神经网络反演[J]. 地球物理学报, 2006, 49(2): 584 – 589.

[65] Neyamadpour A, Taib S, Wan Abdullah W A T. Using artificial neural networks to invert 2D DC resistivity imaging data for high resistivity contrast regions: A MATLAB application [J]. Computers & Geosciences, 2009, 35(11): 2268 – 2274.

[66] Ho T L. 3 – D inversion of borehole – to – surface electrical data using a back – propagation neural network[J]. Journal of Applied Geophysics, 2009, 68(4): 489 – 499.

[67] Neyamadpour A, Abdullah W A T W, Taib S, et al. 3D inversion of DC data using artificial neural networks[J]. Studia Geophysica et Geodaetica, 2010, 54(3): 465 – 485.

[68] Singh U K, Tiwari R K, Singh S B. Inversion of 2 – D DC resistivity data using rapid optimization and minimal complexity neural network[J]. Nonlinear Processes in Geophysics, 2010, 17(1): 65 – 76.

[69] Herman B W, Hiep N D. Radial basis function neural network metamodelling for 2D resistivity mapping[J]. 2010, 15(2): 134 – 141.

[70] Maiti S, Tiwari R K. Neural network modeling and an uncertainty analysis in Bayesian framework: A case study from the KTB borehole site[J]. Journal of Geophysical Research: Solid Earth (1978 – 2012), 2010, 115(B10).

[71] Srinivas Y, Raj A S, Oliver D H, et al. A robust behavior of Feed Forward Back propagation

algorithm of Artificial Neural Networks in the application of vertical electrical sounding data inversion[J]. Geoscience Frontiers, 2012, 3(5): 729-736.

[72] Clerc M, Kennedy J. The particle swarm - explosion, stability, and convergence in a multidimensional complex space[J]. Evolutionary Computation, IEEE Transactions on, 2002, 6(1): 58-73.

[73] Trelea I C. The particle swarm optimization algorithm: convergence analysis and parameter selection[J]. Information processing letters, 2003, 85(6): 317-325.

[74] Shi Y, Eberhart R. A modified particle swarm optimizer[C]. Evolutionary Computation Proceedings, 1998. IEEE World Congress on Computational Intelligence., The 1998 IEEE International Conference on. IEEE, 1998: 69-73.

[75] Shi Y, Eberhart R C. Empirical study of particle swarm optimization[C]. Evolutionary Computation, 1999. CEC 99. Proceedings of the 1999 Congress on. IEEE, 1999, 3: 1945-1950.

[76] Chatterjee A, Siarry P. Nonlinear inertia weight variation for dynamic adaptation in particle swarmoptimization[J]. Computers & Operations Research, 2006, 33(3): 859-871.

[77] Chiam S C, Tan K C, Mamun A A. A memetic model of evolutionary PSO for computational financeapplications[J]. Expert Systems with Applications, 2009, 36(2): 3695-3711.

[78] Melin P, Olivas F, Castillo O, et al. Optimal design of fuzzy classification systems using PSO with dynamic parameter adaptation through fuzzy logic[J]. Expert Systems with Applications, 2013, 40(8): 3196-3206.

[79] Das G, Pattnaik P K, Padhy S K. Artificial Neural Network trained by Particle Swarm Optimization for non-linear channelequalization[J]. Expert Systems with Applications, 2014, 41(7): 3491-3496.

[80] Ray R N, Chatterjee D, Goswami S K. A PSO based optimal switching technique for voltage harmonic reduction of multilevel inverter[J]. Expert Systems with Applications, 2010, 37(12): 7796-7801.

[81] Zhu H, Wang Y, Wang K, et al. Particle Swarm Optimization (PSO) for the constrained portfolio optimization problem[J]. Expert Systems with Applications, 2011, 38(8): 10161-10169.

[82] Wang S C, Yeh M F. A modified particle swarm optimization for aggregate production planning[J]. Expert Systems with Applications, 2014, 41(6): 3069-3077.

[83] Ting C J, Wu K C, Chou H. Particle swarm optimization algorithm for the berth allocation problem[J]. Expert Systems with Applications, 2014, 41(4): 1543-1550.

[84] Shaw R, Srivastava S. Particle swarm optimization: A new tool to invert geophysical data[J]. Geophysics, 2007, 72(2): F75-F83.

[85] 师学明,肖敏,范建柯,等. 大地电磁阻尼粒子群优化反演法研究[J]. 地球物理学报, 2009, 52(4): 1114-1120.

[86] 陈强,魏光辉,万浩江. 雷云荷电模型量子反演[J]. 地球物理学报, 2010, 53(9):

2237-2243.

[87] 邱宁,刘庆生,曾佐勋,等. 基于混沌-粒子群优化的磁法数据非线性反演方法[J]. 地球物理学进展,2010,25(6):2150-2150.

[88] 朱童,李小凡,李一琼,等. 基于改进粒子群算法的地震标量波方程反演[J]. 地球物理学报,2011,54(11):2951-2959.

[89] 蔡连芳,田学民. 基于PSO的地震盲反褶积方法[J]. 地球物理学进展,2012,27(3):1116-112.

[90] 崔益安,纪铜鑫,李溪阳,等. 基于粒子群优化的多目标体中梯电阻率异常反演[J]. 地球物理学进展,2013,28(4):2164-2170.

[91] Mezura-Montes E, Reyes-Sierra M, Coello C A C. Multi-objective optimization using differential evolution: a survey of the state-of-the-art[M]. Advances in differential evolution. Springer Berlin Heidelberg, 2008: 173-19.

[92] Basu M. Economic environmental dispatch using multi-objective differential evolution[J]. Applied Soft Computing, 2011, 11(2): 2845-2853.

[93] Tan Y Y, Jiao Y C, Li H, et al. A modification to MOEA/D-DE for multiobjective optimization problems with complicated Pareto sets[J]. Information Sciences, 2012, 213: 14-38.

[94] Sharma S, Rangaiah G P. An Improved Multi-objective Differential Evolution with a Termination Criterion for Optimizing Chemical Processes[J]. Computers & Chemical Engineering, 2013, 56: 155-173.

[95] Wang L, Yang Y, Dong C, et al. Multi-objective optimization of coal-fired power plants using differential evolution[J]. Applied Energy, 2014, 115: 254-264.

[96] Pan Q K, Tasgetiren M F, Liang Y C. A discrete differential evolution algorithm for the permutation flowshop scheduling problem[J]. Computers & Industrial Engineering, 2008, 55(4): 795-816.

[97] Wang L., Pan Q.K., Suganthan P.M., Wang W.H., Wang Y.M. A novel hybrid discrete differential evolution algorithm for blocking flow shop scheduling problems[J]. Computers & Operations Research, 2010, 37(3): 509-520.

[98] Noktehdan A, Karimi B, Husseinzadeh Kashan A. A differential evolution algorithm for the manufacturing cell formation problem using group based operators[J]. Expert Systems with Applications, 2010, 37(7): 4822-4829.

[99] Wang X, Xu G. Hybrid differential evolution algorithm for traveling salesman problem[J]. Procedia Engineering, 2011, 15: 2716-2720.

[100] Ponsich A, Coello Coello C A. A hybrid Differential Evolution-Tabu Search algorithm for the solution of Job-Shop Scheduling Problems[J]. Applied Soft Computing, 2013, 13: 462-474.

[101] He D, Wang F, Mao Z. A hybrid genetic algorithm approach based on differential evolution for economic dispatch with valve-point effect[J]. International Journal of Electrical Power & Energy Systems, 2008, 30(1): 31-38.

[102] Coelho L S, Bernert D L A. A modified ant colony optimization algorithm based on differential evolution for chaotic synchronization[J]. Expert Systems with Applications, 2010, 37(6): 4198-4203.

[103] Santana-Quintero L V, Hernández-Díaz A G, Molina J, et al. DEMORS: A hybrid multi-objective optimization algorithm using differential evolution and rough set theory for constrained problems[J]. Computers & Operations Research, 2010, 37(3): 470-480.

[104] Jia D, Zheng G, Khurram Khan M. An effective memetic differential evolution algorithm based on chaotic local search[J]. Information Sciences, 2011, 181(15): 3175-3187.

[105] Sedki A, Ouazar D. Hybrid particle swarm optimization and differential evolution for optimal design of water distribution systems[J]. Advanced Engineering Informatics, 2012, 26(3): 582-591.

[106] Lai J C Y, Leung F H F, Ling S H, et al. Hypoglycaemia detection using fuzzy inference system with multi-objective double wavelet mutation Differential Evolution[J]. Applied Soft Computing, 2013, 13: 2803-2811.

[107] Li Y, Wang Y, Li B. A hybrid artificial bee colony assisted differential evolution algorithm for optimal reactive power flow[J]. International Journal of Electrical Power & Energy Systems, 2013, 52: 25-33.

[108] Magoulas G D, Plagianakos V P, Vrahatis M N. Neural network-based colonoscopic diagnosis using on-line learning and differential evolution[J]. Applied Soft Computing, 2004, 4(4): 369-379.

[109] dos Santos Coelho L, Guerra F A. B-spline neural network design using improved differential evolution for identification of an experimental nonlinear process[J]. Applied Soft Computing, 2008, 8(4): 1513-1522.

[110] Chauhan N, Ravi V, Karthik Chandra D. Differential evolution trained wavelet neural networks: Application to bankruptcy prediction in banks[J]. Expert Systems with Applications, 2009, 36(4): 7659-7665.

[111] Subudhi B, Jena D. Nonlinear system identification using memetic differential evolution trained neural networks[J]. Neurocomputing, 2011, 74(10): 1696-1709.

[112] Lu H C, Chang M H, Tsai C H. Parameter estimation of fuzzy neural network controller based on a modified differential evolution[J]. Neurocomputing, 2012, 89: 178-192.

[113] Dhahri H, Alimi A M, Abraham A. Hierarchical multi-dimensional differential evolution for the design of beta basis function neural network[J]. neurocomputing, 2012, 97: 131-140.

[114] Dragoi E N, Curteanu S, Galaction A I, et al. Optimization methodology based on neural networks and self-adaptive differential evolution algorithm applied to an aerobic fermentation process[J]. Applied Soft Computing, 2013, 13: 222-238.

[115] Storn R. Designing nonstandard filters with differential evolution [J]. IEEE Signal Processing Magazine, 2005, 22(1): 103-106.

[116] Aslantas V. An optimal robust digital image watermarking based on SVD using differential

evolution algorithm[J]. Optics Communications, 2009, 282(5): 769-777.

[117] Baştürk A, Günay E. Efficient edge detection in digital images using a cellular neural network optimized by differential evolution algorithm[J]. Expert Systems with Applications, 2009, 36(2): 2645-2650.

[118] Chattopadhyay S., Sanyal S. K., Chandra A. Optimization of Control Parameters of Differential Evolution Technique for the Design of FIR Pulse – shaping Filter in QPSK Modulated System [J]. Journal of Communications, 2011, 6(7): 558-570.

[119] Lei B, Tan E L, Chen S, et al. Reversible watermarking scheme for medical image based on differential evolution[J]. Expert Systems with Applications, 2014, 41(7): 3178-3188.

[120] 闵涛, 牟行洋. 二维波动方程参数反演的微分进化算法[J]. 地球物理学进展, 2009, 24(5): 1757-1761.

[121] 闵涛, 张敏, 李浩. 约束优化的微分进化算法在波动方程反问题中的应用[J]. 地球物理学进展, 2011, 26(3): 1052-1056.

[122] 潘克家, 王文娟, 谭永基, 等. 基于混合差分进化算法的地球物理线性反演[J]. 地球物理学报, 2009, 52(12): 3083-3090.

[123] 王文娟, 谢滨, 潘克家, 等. 利用加速差分进化算法反演非均匀介质电磁成像[J]. 地球物理学进展, 2010, 25(6): 2002-2008.

[124] 宋维琪, 高艳珂, 朱海伟. 微地震资料贝叶斯理论差分进化反演方法[J]. 地球物理学报, 2013, 56(4): 1331-1339.

[125] 王家映. 地球物理反演理论[M]. 北京: 高等教育出版社, 2002.

[126] 李天成. 电阻率成像技术的二维三维正反演研究[D]. 北京: 中国地质大学, 2008.

[127] 柴新朝. 基于有限体积法的三维电阻率正反演研究[D]. 长沙: 中南大学, 2012.

[128] Pidlisecky A, Knight R. FW2_5D: A MATLAB 2.5 – D electrical resistivity modeling code [J]. Computers & Geosciences, 2008, 34(12): 1645-1654.

[129] Haber E, Ascher U M, Aruliah D A, et al. Fast simulation of 3D electromagnetic problems using potentials[J]. Journal of Computational Physics, 2000, 163(1): 150-171.

[130] 史峰, 王小川, 郁磊, 等. MATLAB 神经网络 30 个案例分析[M]. 北京: 北京航空航天大学出版社, 2010.

[131] 田雨波. 混合神经网络技术[M]. 北京: 科学出版社, 2009.

[132] Eberhart R, Kennedy J. A new optimizer using particle swarm theory[C]. Micro Machine and Human Science, 1995. MHS95., Proceedings of the Sixth International Symposium on. IEEE, 1995: 39-43.

[133] 张军, 詹志辉, 等. 计算智能[M]. 北京: 清华大学出版社, 2009.

[134] 段海滨, 张祥银, 徐春芳. 仿生智能计算[M]. 北京: 科学出版社, 2011.

[135] 姚姚. 地球物理反演基本理论与应用方法[M]. 武汉: 中国地质大学出版社, 2002.

[136] 黄润生. 混沌及其应用[M]. 武汉: 武汉大学出版社, 2000.

[137] 李春来. 混沌与超混沌系统生成及控制若干问题[D]. 广州: 广东工业大学, 2012.

[138] Vesterstrom J, Thomsen R. A comparative study of differential evolution, particle swarm

optimization, and evolutionary algorithms on numerical benchmark problems[C]. Evolutionary Computation, 2004. CEC2004. Congress on. IEEE, 2004, 2: 1980 – 1987.

[139] Price K, Storn R. Differential Evolution – a simple and efficient adaptive scheme for global optimization over continuous space[R]. Technical Report, International Computer Science Institue, Berkley, 1995.

[140] Yuan X, Cao B, Yang B, Yuan Y, Hydrothermal scheduling using chaotic hybrid differential evolution[J], Energy Conversion and Management, 2008, 49(12): 3627 – 3633.

[141] Lu Y, Zhou J, Qin H, Wang Y, Zhang Y. Chaotic differential evolution methods for dynamic economic dispatch with valve – point effects, Engineering Applications of Artificial Intelligence [J], 2011, 24(2): 378 – 387.

[142] Coelho L S. Reliability – redundancy optimization by means of a chaotic differential evolution approach [J]. Chaos, Solitons & Fractals, 2009, 41(2): 594 – 602.

[143] HE D, DONG G, WANG F, MAO Z. Optimization of dynamic economic dispatch with valve – point effect using chaotic sequence based differential evolution algorithms [J]. Energy Conversion and Management, 2011, 52(2): 1026 – 1032.

[144] 江善和, 王其申, 江巨浪. 一种新型 Skew Tent 映射的混沌混合优化算法[J]. 控制理论与应用, 2007, 24(2): 269 – 273.

[145] 袁颖. 混沌扩频序列的性能研究[D]. 哈尔滨: 哈尔滨工业大学, 2009.

[146] 齐玮; 王秀芳; 李夕海; 刘代志. 一种基于径向基神经网络的地磁场指数实时标定方法. 地球物理学报, 2010, 53(1): 147 – 155.

[147] 赵海娟; 王家龙; 宗位国; 唐云秋; 乐贵明. 用径向基函数神经网络方法预报太阳黑子数平滑月均值. 地球物理学报, 2008, 51(1): 31 – 35.

[148] Powell M J D. Radial basis functions for multivariable interpolation: a review[C]. Algorithms for approximation. Clarendon Press, 1987: 143 – 167.

[149] Lowe D, Broomhead D. Multivariable functional interpolation and adaptive networks[J]. Complex systems, 1988, 2: 321 – 355.

[150] Moody J, Darken C J. Fast learning in networks of locally – tuned processing units[J]. Neural computation, 1989, 1(2): 281 – 294.

[151] Chen S, Cowan C F N, Grant P M. Orthogonal least squares learning algorithm for radial basis function networks[J]. IEEE Transactions on Neural Networks, 1991, 2(2): 302 – 309.

[152] Chen S, Grant P M, Cowan C F N. Orthogonal least – squares algorithm for training multioutput radial basis function networks[C]. Radar and Signal Processing, IEE Proceedings F. IET, 1992, 139(6): 378 – 384.

[153] 阎平凡, 人工神经网络与模拟进化计算(第 2 版)[M]. 北京: 清华大学出版社, 2005.

[154] Zhou P, Li D, Wu H, et al. The automatic model selection and variable kernel width for RBF neural networks[J]. Neurocomputing, 2011, 74(17): 3628 – 3637. 7.

[155] Kokshenev I, Padua Braga A. An efficient multi – objective learning algorithm for RBF neural network[J]. Neurocomputing, 2010, 73(16): 2799 – 2808.

[156] Ghodsi A, Schuurmans D, Automatic basis selection techniques for RBF networks, Neural Networks, 2003, 16: 809 – 816.

[157] Akaike H. A new look at the statistical model identification[J]. Automatic Control, IEEE Transactions on, 1974, 19(6): 716 – 723.

[158] Schwarz G. Estimating the dimension of a model[J]. The annals of statistics, 1978, 6(2): 461 – 464.

[159] Hannan E J, Quinn B G. The determination of the order of an autoregression[J]. Journal of the Royal Statistical Society. Series B (Methodological), 1979: 190 – 195.

[160] Zaharie D. Critical values for the control parameters of differential evolution algorithms[C]. Proceedings of MENDEL. 2002: 62 – 67.

[161] 戴前伟, 肖波, 冯德山等. 基于二维高密度电阻率勘探数据的三维反演及应用[J]. 中南大学学报(自然科学版). 2012, 43(1): 293 – 300.

[162] Haber E, Ascher U, Aruliah D, Oldenburg D. Fast simulation of 3D electromagnetic problems using potentials[J]. Journal of Computational Physics, 2000, 163: 150 – 171.

[163] Huang G. B, Zhu QY, Siew CK.. Extreme learning machine: theory and applications[J]. Neurocomputing, 2006, 70:489 – 501.

[164] Huang G B, Wang D H, Lan Y. Extreme learning machines: a survey[J]. International Journal of Machine Learning and Cybernetics, 2011, 2: 107 – 122.

[165] Fernández – Navarro F, Hervás – Martínez C, Sanchez – Monedero J, Gutiérrez P A. MELM – GRBF: a modified version of the extreme learning machine for generalized radial basis function neural networks[J]. Neurocomputing, 2011, 74: 2502 – 2510.

[166] Loke M, Wilkinson P, Chambers J. Fast computation of optimized electrode arrays for 2D resistivity surveys[J]. Computers & Geosciences, 2010,36: 1414 – 1426.

[167] Wilkinson P B, Meldrum P I, Chambers J E, Kuras O, Ogilvy R D. Improved strategies for the automatic selection of optimized sets of electrical resistivity tomography measurement configurations[J]. Geophysical Journal International, 2006,167: 1119 – 1126.

图书在版编目(CIP)数据

基于神经网络的混合非线性电阻率反演成像/江沸菠,戴前伟,冯德山,董莉著. —长沙:中南大学出版社,2015.10
ISBN 978-7-5487-2067-6

Ⅰ.基... Ⅱ.①江...②戴...③冯...④董... Ⅲ.神经网络-应用-电阻率法勘探-研究
Ⅳ.P631.3

中国版本图书馆 CIP 数据核字(2015)第 290380 号

基于神经网络的混合非线性电阻率反演成像

江沸菠 戴前伟 冯德山 董莉 著

□责任编辑	刘石年 胡业民
□责任印制	易红卫
□出版发行	中南大学出版社
	社址:长沙市麓山南路 邮编:410083
	发行科电话:0731-88876770 传真:0731-88710482
□印 装	长沙超峰印刷有限公司

□开 本	720×1000 1/16 □印张 10 □字数 197 千字
□版 次	2015 年 10 月第 1 版 □印次 2015 年 10 月第 1 次印刷
□书 号	ISBN 978-7-5487-2067-6
□定 价	50.00 元

图书出现印装问题,请与经销商调换